"十三五"国家重点图书出版规划项目

说三农书系

画说规模养肉鸡

中国农业科学院组织编写

李连任　主编

U0320917

中国农业科学技术出版社

图书在版编目（CIP）数据

画说规模养肉鸡 / 李连任主编 . -- 北京 : 中国农
业科学技术出版社 , 2017.6

　ISBN 978-7-5116-3031-5

　Ⅰ . ①画… Ⅱ . ①李… Ⅲ . ①肉鸡－饲养管理－图解
Ⅳ . ① S831.92-64

中国版本图书馆 CIP 数据核字 (2017) 第 075050 号

责任编辑	张国锋
责任校对	马广洋

出 版 者　中国农业科学技术出版社
　　　　　北京市中关村南大街 12 号　邮编 : 100081
电　　话　（010）82106636（编辑室）（010）82109702（发行部）
　　　　　（010）82109709（读者服务部）
传　　真　（010）82106631
网　　址　http://www.castp.cn
经 销 者　各地新华书店
印 刷 者　北京富泰印刷有限责任公司
开　　本　880mm×1230mm　　1 /32
印　　张　5.25
字　　数　132 千字
版　　次　2017 年 6 月第 1 版　2017 年 6 月第 1 次印刷
定　　价　29.80 元

编委会

《画说『三农』书系》

编委会

《画说规模养肉鸡》

序言

让农业成为有奔头的产业，让农村成为幸福生活的美好家园，让农民过上幸福美满的日子，是习近平总书记的"三农梦"，也是中国农民的梦。

农民是农业生产的主体，是农村建设的主人，是"三农"问题的根本。给农业插上科技的翅膀，用现代科学技术知识武装农民头脑，培育亿万新型职业农民，是深化农村改革、加快城乡一体化发展、全面建成小康社会的重要途径。

中国农业科学院是中央级综合性农业科研机构，致力于解决我国农业战略性、全局性、关键性、基础性科技问题。在新的历史时期，根据党中央部署，坚持"顶天立地"的指导思想，组织实施"科技创新工程"，加强农业科技创新和共性关键技术攻关，加快科技成果的转化应用和集成推广，在农业部的领导下，牵头组建国家农业科技创新联盟，联合各级农业科研院所、高校、企业和农业生产组织，建立起更大范围协同创新的科研机制，共同推动农业科技进步和现代农业发展。

组织编写《画说"三农"书系》，是中国农业科学院在新时期加快普及现代农业科技知识，帮助农民职业化发展的重要举措。我们在全国范围

遴选优秀专家，组织编写农民朋友喜欢看、用得上的系列图书，图文并貌展示最新的实用农业科技知识，希望能为农民朋友充实自我、发展农业、建设农村牵线搭桥做出贡献。

中国农业科学院党组书记　陈萌山

2016 年 1 月 1 日

前言

画说规模养肉鸡

　　随着国家产业政策的不断调整和优化，肉鸡养殖业得到了快速发展，规模化、标准化程度越来越高，养殖难度越来越大。要让养鸡场（户）想养鸡，会养鸡，让养鸡成为有奔头的产业，就必须用现代科学技术武装从业者的头脑。

　　《画说规模养肉鸡》由长期从事肉鸡养殖技术教学、生产技术服务的专家编写，针对肉鸡养殖的特点，图文并茂，比较全面地展示最新的肉鸡市场前景、鸡场及鸡舍的建设要求、肉鸡的日常管理，以及疾病的生物安全防控等方面的知识。编写过程中，紧扣生产实际，关注肉鸡产业发展动向，注重基础性、实用性和先进性，内容全面新颖、重点突出、关注细节、通俗易懂，有的地方还提供了技术操作的具体步骤，配发了图片，是广大初学养殖户快速掌握肉鸡养殖技术的理想参考书，同时也适用于鸡场饲养管理人员，还可作为大中专院校和农村函授及培训班的辅助教材和参考书。

　　由于编写人员水平有限，尽管经过再三校对和修正，书中难免还存在不少缺点甚至错误，希

望读者在使用过程中不断调整和修正，对存在的不足和错误不吝批评和指正。

编者

2016 年 9 月

Contents 目录

第一章

了解鸡的正常外貌与解剖特征

第一节 当前肉鸡规模养殖现状

一、当前我国肉鸡饲养的现状

（一）养殖风险加大

肉鸡饲养的风险主要是行情风险和疫病风险。这两类风险都在逐渐加大，并且越来越大。其原因如下。

1. 饲料原料、雏鸡、能源及人工成本涨价造成饲养成本逐渐提高

10 年来肉鸡饲养成本提高了 1 倍多（图 1-1），而商品肉鸡的售价平均提高不到 70%，严重挤压利润空间，使行情风险提高数倍。

2. 疾病越来越复杂，越来越难以预防和治疗

新病、抗药菌株及病毒变异株不断出现，大病及不治之症增多，混合感染越来越严重，致使疫病风险大大提高，动辄就会出现成批死亡（图 1-2）。现在的饲养变成了技术活，不是谁想养好就能养好的，饲养壁垒越来越高。

图 1-1　肉鸡饲养成本不断上升　　图 1-2　疾病混合感染造成大批死亡

3．存在食品安全的风险

　　肉鸡饲养缺乏对养殖户的有效监控，松散的监管环境留下了诸多食品安全隐患。近年来，违规使用药物，特别是抗病毒药、抗生素、激素等搞的"速成鸡"事件等（图 1-3、图 1-4），给肉鸡养殖业带来了沉重打击。

图 1-3　不规范使用抗生素、　　　图 1-4　"速成鸡"事件
　　　　　激素类药物

（二）国家扶持政策向规模化倾斜

　　肉鸡养殖行业正在发生剧烈转型，在向规模化发展，因素有

二：一是养鸡利益自然趋使，5 000 只以下规模的养殖户养好了还不值两个人的工钱，尤其是近年来，行情风险和疫病风险增加了数倍以上（指赔钱的次数和幅度）。怎么办？只能知难而退；二是国家政策从食品安全角度扶持和促使转型，通过规模化，国家可以更有效地监管和保障食品安全。

肉鸡养殖业的发展方向：首先是规模化，只有规模化才能支撑专业化，只有专业化才能实现规范化，也只有规范化才能成就标准化，标准化是食品安全的有力保障，也是未来养殖成功的唯一出路，同时标准化也是自动化的必然（图 1-5、图 1-6）。

图 1-5 肉鸡养殖必然向规模化方向发展

图 1-6 肉鸡养殖必然向标准化方向发展

（三）供需现状

随着人们生活水平的日益改善和提高，13 亿张口的需求恐怕就真的是个无底洞。就我们这一两代人来讲，你永远都不要担心养殖业会走到尽头。

二、面临的形势

从有利的条件来看，中国的肉鸡生产仍有较大的空间。近年来，我国对畜牧业的补贴力度、支持力度有了很大提高，对规模化养殖的补贴力度达到 20 几个亿，除此之外，对禽流感疫苗的补贴也有很多。

肉鸡产业发展方式面临新的契机。

三、肉鸡养殖业的出路

（一）专业化是肉鸡养殖业的唯一出路

专业化是肉鸡养殖业的唯一出路，专业人员不等同于技术人员；资源＋技术＋经历＝技术，优秀资源＋先进技术＝竞争优势。

图 1-7 专业的人干专业的事才能成功

专业的人干专业的事（图 1-7），懂得相对多，风险就绝对小，养殖结果自然好。如何理解和落实加强饲养管理，严格生物安全的基本要求？这恐怕也是大家必须要补的一堂公开课。

（二）技术要从基础做起

什么是基础，就是那些让鸡直接接触到和感受到的一切环境因素，包括饲料、饮水、温度、空气质量、应激、环境中的有害微生物等。

多参加专业的培训班（图 1-8），倾听

图 1-8 多参加专业的培训班

专家们的意见，从专业的角度全面理解，提高执行力，"以鸡为本"和"以人为本"要结合起来才有效。

（三）不断强化动物保健方案

图 1-9　要落实"防重于治，预防为主"的方针

真正落实"防重于治，预防为主"的方针，不把希望寄托在大量使用兽药上（图 1-9）。

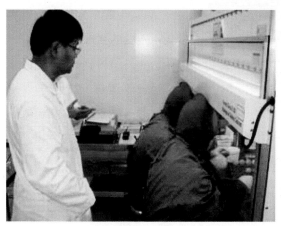

图 1-10　加强对病原的实验室研究

强化对病原的控制，对病原的研究（图 1-10）、跟踪、扑灭要有切实可靠的措施和方案，强化对饲养人员的培养和管理，把饲养管理落到实处。

建立立体的生物安全体系，从饲养（营养是否平衡、霉菌毒素是否超标）、饮水（水质各项指标是否符合养殖需要）到环境控制（大环境、小环境、内环境、外环境、微环境）都要有生物安全的概念和兽药卫生的标准（图1-11）。

动物保健方案要齐头并进，合理使用维生素、必需氨基酸、酶制剂、抗氧化剂、酸化剂、中药制剂（图1-12）、

图1-11　建立生物安全措施

微生态制剂、抗霉菌毒素产品、部分生物制品（干扰素、抗病毒蛋白、基因工程免疫复合物等）、有效的对型的疫苗、免疫增效剂等。

（四）生物安全对养殖业的要求

用兽医卫生的观念去改造每一个从事养殖的人，首先把大家从脏

图1-12　推广中药保健

乱差的环境中解脱和解放出来。在干净的环境中关注兽医卫生（图1-13），那就是让单位体积或面积内所含有的病原微生物降低到零或不足以让动物致病的程度。这种要求主要还是借助环境消毒和环境监测来实现的。

图1-13　注重兽医卫生

第二节 选择适合的饲养模式

目前，我国肉鸡饲养行业主要存在3种饲养模式：一种是以饲养市场鸡为主的散户模式；一种是以饲养龙头放养的合同鸡为主的合同户模式；一种是公司加农户的养殖公司模式。

一、肉鸡主要饲养模式的操作难点分析

（一）饲养市场鸡的模式

操作要点　养殖户自行采购鸡苗、饲料、兽药，自行联系出栏的一种操作模式。该模式最大的优点是自主性比较强，但是对进、出栏价格的把握难度太大，导致养殖风险增加。

1．养殖户的操作难点

图1-14　雏鸡质量不好，弱雏很多

① 雏鸡的质量难以选择与保证（图1-14）。

② 饲料原料与成品饲料的安全风险难以掌控，玉米虫蛀

图1-15　虫蛀的玉米　　　　　图1-16　霉变的玉米

（图1-15）和霉变（图1-16）是常见现象。

③ 缺少稳定的技术力量支持。一批鸡选择几个不同药店、几个不同兽医人员指导，导致药物使用的重复与浪费。散养户因为缺少固定可靠的兽医人员跟踪，等发现疾病的时候往往已错过了最佳治疗时机，不能保证肉鸡的健康出栏（图1-17）。

图1-17　肉鸡后期饲养难度加大

④ 价格行情风险大。因为市场行情变幻莫测，许多养殖户难以把握何时进雏、何时出栏、怎样才能有利可赚，尤其是新养殖户。

2. 经销商的操作难点

① 资金投入大，现金流转周期长。目前，经销商一般都是现金采购饲料、兽药，然后再赊销给养殖户，等养殖户卖鸡出栏后才算帐，一旦遇到行情波动和养殖意外导致养殖户赔钱，饲料、药款的回笼时间就要延长，甚至出现呆死账。

② 养殖户难经营。散养户就相当于一块大蛋糕，卖料的、卖药的都去争、去抢，没有自己的忠实客户群，就会导致每天都在忙着找客户，市场销量不稳定。

③ 疾病难治疗，药物不见效。很多散养户会同时接受几个兽医的技术服务，往往一个兽医一种说法，养殖户不知道听谁的，导致治疗成本增加，兽药质量真假难辨（图1-18），治愈率风险增加，一旦治疗不理想或者控制不住，经销商的资金及声誉还会受到影响。

图1-18　兽药质量真假难辨，养殖户无所适从

（二）龙头放养合同鸡的模式

操作要点：这是前几年在东北、山东等地以肉鸡养殖为主的省份出现的一种主要饲养模式，是由放养龙头全程为饲养户提供鸡苗、饲料、兽药技术服务、出栏回收一条龙的全程放养模式，整个链条除了鸡苗多是现款外，饲料、兽药几乎全是赊销。此种模式下，放养龙头有大有小，少的一个月放几万，多的一个月放三四十万，单月放养十几万的龙头占多数。

1. 养殖户的操作难点

① 对养殖户来说，基本上是利远远大于弊，而操作难点就是养殖技术。在整个养殖过程中，作为养殖户，需要投入的仅仅是场地、设备及饲养人员，其实相当于你在给龙头养鸡，养殖户只要把鸡养好就能获利。另外，需要注意的是养殖户不要有太多的依赖心理，把养殖获利的更多因素都寄托在龙头身上。

② 正确选择龙头的标准是看哪个龙头放的苗好、料好，哪个龙头提供的技术跟踪服务到位，而不是盯着哪个龙头给的条件优厚，只有这样才能跟着龙头养好鸡、多赚钱。

2. 龙头的操作难点

① 资金投入太大，回流周期长。对于龙头来讲，最头痛的问题就是现金流问题：随着饲料价格的攀升、兽药成本的增加、运输及人员管理费用的增加，资金投入越来越大，放养肉鸡所需的饲料、鸡苗、兽药的投资款都需龙头来垫付，这些投资款即使在行情好、养殖户赚钱的情况下也要在50天肉鸡出栏之后才能回笼，因此现金流问题是龙头最关注的操作难点和重点。

② 技术力量短缺，不稳定。目前的放养龙头所拥有的技术力量实力事关重大，既关系到整体放养鸡的养殖质量，又关系到龙头整体放养数量及市场声誉，这是龙头在操作链条中最难控制的一个板块。

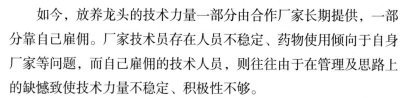

如今，放养龙头的技术力量一部分由合作厂家长期提供，一部分靠自己雇佣。厂家技术员存在人员不稳定、药物使用倾向于自身厂家等问题，而自己雇佣的技术人员，则往往由于在管理及思路上的缺憾致使技术力量不稳定、积极性不够。

③ 恶性争夺客户，客户质量参差不齐。笔者在市场跟个别龙头做市场时发现，龙头之间为争夺养殖户，开出的条件竟然到了令笔者都有了养鸡的欲望——龙头不但全面垫付资金而且一旦养殖户赔了钱，最后还要给养殖户象征性的工资，其目的只有一个，就是争夺养殖户，因为竞争，根本就顾不上筛选优秀的养殖户合作。

④ 风险高。养殖户一旦养殖不成功，就会从龙头上找原因，要么苗的问题，要么料的问题，要么药的问题，总之原因往往在龙头，很少有人去从自身饲养管理上找问题。

（三）公司加农户的合作社饲养模式

这种模式是由养殖户向养殖公司缴纳一定的保证金，然后由公司统一安排放苗、料、专人负责技术跟踪，养殖户饲养的鸡达到公司标准由公司回收，并在规定时间内将养殖户的利润款"打"给养殖户。

此模式最大的操作难点在于养殖户饲养管理水平及思想意识的局限，养殖公司投资巨大，市场行情变数太大，经常会出现养殖户赚钱而养殖公司赔钱的情况。

二、龙头放养新模式的操作

操作要点：由放养龙头给养殖户统一放苗、料、药、技术服务及肉鸡回收一条龙服务，但全程采用的不再是赊销，养殖户得到的饲料、兽药也不再是高价位，总结起来就是"一长二低一高"模式，即养殖户现金买进低价饲料、低价兽药、低价鸡苗，龙头以每千克高出市场1毛钱的价格回收毛鸡。

（一）新模式的前提：龙头必须具备可靠稳定的技术力量

没有这个技术做后盾，以后讲的任何环节都不能保证。

关于技术力量，我们着重看看龙头如何管理技术员以保证质量的可靠和稳定——根据市场范围给技术员划定不同的市场服务区域，采用基本工资加工龄工资和奖金的模式，工龄工资与技术员干的时间长短有关，为的是留住优秀技术员，奖金是依据最终养殖结果以及料肉比和出栏率等考核指标发放，这样不但可以提高技术员的责任心，更重要的是可以帮助养殖户养好鸡，保证有一个稳定的高质量的出栏鸡。

（二）新模式的"一长"：确保养殖户12天之内的鸡苗质量

即养殖户现款买进市场上质量好但同比价格低的鸡苗，同时放养龙头确保养殖户12天之内的鸡苗质量，该模式打破了目前龙头只保养殖户一周之内鸡苗质量的模式，比一般的龙头多保5天，这是建立在龙头有质量稳定且有相当实力的孵化场做后盾的基础之上，更是建立在对鸡苗的利润追逐有长远目光的基础之上。

只有你的放养量大了、鸡养得好了，才能吸引孵化场给你更多的技术及政策上的支持，你才能确保养殖户12天之内的鸡苗质量。

（三）新模式的"二低"：饲料和兽药质量高、价格低

1. **第一低**：养殖户现款买进的饲料质量稳定可靠且同比价格低

该模式打破了肉鸡养殖业一贯的饲料赊销模式，这也是这套操作模式的关键，尽管表面来看是对龙头割肉心痛的一环。

大家都知道饲料款是养殖链条中最大的一笔支出，随着饲料原料的不断上涨，养殖户用于饲料投入的成本是越来越大，如果现款买到出厂价的饲料，以养一万只肉鸡为例，一只鸡按5千克料算，每千克饲料节约2毛钱，一只鸡节约1元钱，1万只鸡一个周期就可以省下饲料款1万元，所以赚钱的关键是龙头提供的是料肉比低

的饲料。

而对龙头而言呢？表面上看你是割肉了，饲料这一块没了利润，但是在现金为王的今天，最重要的就是资金周转快，或者说，在同行业中你的资金周转比别人更快你就最赚钱。而且，客观上能够用现金购买你的低价饲料的养殖户，从一定程度上讲，也应该是个优质客户；最后，你的饲料销量越大，饲料公司给你的政策及扶持就越优厚，返还政策就越宽松。

2. 第二低：养殖户现款买进的兽药低价位、高性能

随着养殖规模的逐渐扩大，很多养殖散户已开始联合从厂家购药来节省用药成本，这也是规模养殖发展起来之后的一种趋势。

但是药物不同于一般的商品，必须要在兽医技术人员的指导下使用才能发挥正常效果，而厂家对养殖户缺少的也是这一环，如果龙头有自己的技术优势，在让养殖户接受专业技术服务的同时，现款买到高性价比的兽药，这样，龙头不仅可以占有更多的大客户资源，大大提高兽药市场销量，还会因为连锁反应吸引兽药厂给予销售政策及技术管理上的更多支持。

（四）新模式的一高：回收的出栏鸡比市场价每千克高 1 毛钱

可能很多龙头不理解，前面几个以前有利润的环节现在已经是低价了，这最后回收的一环如果比市场价高，那么龙头的利润在哪里？下面，我们先来看此模式下养殖户的利润从哪里来？暂且以单体每只鸡为例计算：

1. 料款

按每只鸡吃 5 千克料算，该模式下每千克料就能节约资金 2 毛钱，那么每只鸡就可以节约 1 元钱。

2. 兽药

按市场上每只鸡的平均药费 1.5 元来算，在该模式运作下每只鸡就可以节约药费 0.2~0.3 元。

3．卖价

如果任何时候，养殖户出栏每千克都能比别人多卖 0.1 元，按每只鸡平均 2.75 千克算，每只鸡就能比同行多卖 0.27 元。

这样算下来的话，养殖户增加的利润就是：节约的饲料款 1 元 + 兽药 0.2~0.3 元 + 多卖的 0.27 元 ≈ 1.5 元。

整个模式总结起来就是养殖户现金买进，得到的是相对低投入和相对高产出。

而龙头的利润来自于养殖户——跟随你的养殖户越能轻松养殖、越能赚钱，你就越能形成稳定忠实的客户群，你就越能赚钱。而且，还会产生良性连锁反应，得到当地有实力的屠宰场、冷冻厂的支持，形成优质、稳定、大量的肉毛鸡资源，因为免去了屠宰场随市场行情波动的屠宰量的后顾之忧，屠宰场会给你一个高于市场价的长期收购政策，支撑你的养殖户可以卖到相对高的市场价。

所以，在此种模式下，龙头低价售出，得到的是相对低的利润，但却是长久的、稳定的利润，是饲料、兽药、孵化场、屠宰场相对高的优厚的营销政策及多方位的支持，而这是龙头无赊销、少风险、多赚钱的基础。

第三节　思路决定出路

一、选准经营方向

是从事商品肉仔鸡生产，还是经营种鸡孵化出售雏鸡生产？要做到经营决策无误，必须对当地的供求关系、市场价格、生产成本、经济效益等情况进行具体调查分析，必要时听取专家的意见，搞好市场预测。

二、确定生产规模

一个新建的肉鸡场，究竟办多大规模，养多少只鸡合适，这就要从饲养能力、资源及市场销售能力等方面综合考虑。在生产投资过程中也应全面考虑，若投资过多，资金回收年限太长；若投资太少，鸡舍比较简易，势必使鸡舍使用年限短，维修费用高，鸡舍内环境和卫生状况恶化，鸡体整齐度差，死亡率高，严重影响经济效益。

三、饲养方式的选择

（一）厚垫料平养

厚垫料平养即在经过严格消毒的鸡舍地面上，铺设5~10厘米厚的垫料（图1-19），出栏后一次清除垫草和粪便，鸡只整个生长期全在垫料上活动

图1-19　厚垫料平养

的饲养方式。

　　肉鸡因为饲养期比较短，较多利用这种形式。这种饲养方式要求垫料柔软、干燥、吸水力强、不易板结、不发霉、无污染。在饲养过程中，应视具体情况随时松动板结垫料（图 1-20），清除湿垫料，补充新垫料。

图 1-20　垫料板结

1. 技术优点

　　① 厚垫料平养技术简便易行，设备投资少，利于农作物废弃物、锯末等的再利用（图 1-21、图 1-22）和粪污资源化利用。

图 1-21　稻壳垫料

图 1-22　锯末垫料

② 垫料吸潮、消纳粪便等污染物，有利于改善鸡舍环境质量。作为垫料，稻壳比麦秸效果更好（图1-23）。

③ 垫料松软，保持垫料处于良好状态可减少腿病和胸囊肿的发生，提高鸡肉品质（图1-24）。

图1-23　麦秸垫料

图1-24　保持垫料松软可减少腿病和胸囊肿

2. 技术缺点

① 优质垫料如稻壳、锯末等需求量大，成本较高，而且不同地区的供应状况不同，很难在全国普遍推广。

② 虽然垫料对废弃物有一定的消纳能力，但鸡群与垫料、粪便等直接接触，如果操作管理不当，容易发生球虫病等疾病。

（二）离地弹性塑料网上平养

图1-25、图1-26是在地板网床上的饲养方式。网床由网底、

图1-25　网床支架

图1-26　肉鸡生活在弹性塑料网床上

网架、网围组成，网子高 80~100 厘米，网底用塑料制成，总的要求是平整光滑、有弹性、耐腐蚀。网眼孔隙大小要适当，网架要求坚固，耐腐蚀，网围要求与网床垂直，高 50~60 厘米。

1. 技术优点

① 网床饲养为自动清粪提供了条件，减少了鸡粪在舍内发酵所产生的有害气体排放，从根本上改善了鸡舍的环境条件。

② 网上平养使鸡离开地面，减少了与粪便的接触，降低了球虫等疫病的发生概率，有助于减少药物投放，提高食品安全水平。

2. 技术缺点

相比地面厚垫料饲养模式，网上平养尽管节省了平时购置垫料的费用，但需要购置网床设备，一次性设备投资较大。

（三）笼养

笼养指肉鸡从育雏到出栏一直在笼内饲养（图 1–27）。肉鸡笼养本身有增加饲养密度、减少球虫病发生、提高劳动效率、便于公母分群饲养等优点。但因存在底网硬、鸡活动受限、胸囊肿出现的概率大、商品合格率低、一次性投资大等缺点，比较难于推广。

图 1–27　肉鸡笼养

笼养模式便于实现喂料、饮水、清粪等自动化操作，效率显著提高（图1-28）。

图1-28 自动上料机

1. 技术优点

① 节约土地资源（图1-29）。

图1-29 三层笼养，节约土地

② 饲养密度的增加，可以充分利用鸡群自身产热维持鸡舍温度，同时，环境控制所需的能源等利用效率显著提高（图1-30）。

图1-30　笼养密度大，节省能源

③ 该模式便于提升机械化、自动化水平，实现"人管设备、设备养鸡、鸡养人"，饲养管理人员只需管理设备的正常运行、挑选病死鸡等，劳动效率显著提高（图1-31）。

图1-31　自动供水、供料、清粪，机械化程度高

2.技术缺点

① 设备投资大。

② 人员素质要求高。

（四）现代化饲养（标准化规模饲养）

现代化养鸡（图1-32、图1-33）就是以现代工业装备养鸡业，以现代科技武装养鸡业，以现代管理论和方法经营养鸡业。其基本特征是科学化、集约化、商品化、市场化；基本特点是高产、优质、低耗、高效；基本要求是专业化、一体化、现代化。我国养鸡业正向着这方面努力，有许多养殖企业创出了经验，做出了巨大贡献。

图1-32 现代化鸡舍

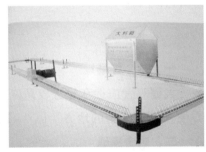

图1-33 现代化装备（链条式自动供料设备）

第二章

给鸡提供舒适的饲养环境

第一节　缺资金，就建大棚肉鸡舍

一、选个好场址

　　大棚鸡舍应选在地势较高，远离其他养殖场和居民区，交通方便，水电齐全的地方（图2-1）。

二、鸡舍建造

　　鸡舍南北走向或东西走向均可。鸡舍跨度（宽度）7~10米，长度根据饲养规模可大可小，一般为20~80米，横切面最高点为2.70~2.85米，两肩高0.85~1.10米，两肩以下为通风调节口。在两端墙肩之间每4米竖4排水泥立柱，中间2排最高为2.5米，另外2排高为1.8米，其后在4排立柱上

图2-1　选好场址

加平行的4排横木，横木与立柱固定好。这样鸡舍框架就完成了（图2-2）。

图2-2 鸡舍建造样板

棚顶为4层结构，第1层为无滴塑料薄膜，夏天可以阻止上面的强风，冬天可以防止产生雾滴；第2层为草栅或麦秸等保温材料（厚4~6厘米）；第3层为塑料薄膜（起固定作用）；最后一层为厚稻草栅，用14号铁丝固定好（每米2道）。注意，两端墙与棚顶塑料膜不要固定太死，以免冬季塑料收缩拉坏端墙。棚顶边角要用砖压实以防大风损坏（图2-3、图2-4）。

图2-3 鸡舍顶

图 2-4 顶部压实

　　资金条件成熟时，可改建钢架结构的大棚（图 2-5），或改用保温材料板建设（图 2-6）。

图 2-5 钢架结构的大棚

图 2-6 保温材料板建设的鸡舍

三、取暖设施建设

炉腔建在鸡舍内一侧（图2-7、图2-8），周围注意防火。烟筒要密封好，不可漏气。

图2-7 炉腔建在鸡舍内一侧　　　　图2-8 炉腔建在鸡舍内一侧

四、垫料

大棚鸡舍适宜用厚垫料平养（图2-9、图2-10），在夏季最热季节大鸡阶段可用细河沙作垫料，其他季节垫料可全部使用农作物秸秆（玉米秸、麦秸等）或稻壳，秸秆要用铡草机切成3~5厘米长晒干，这些垫料在清理鸡后可作为高质量的农家肥料。垫料厚度应掌握在5~8厘米，要新鲜、柔软、干燥、无霉变。

图2-9 厚垫料平养（一）　　　　图2-10 厚垫料平养（二）

第二节　资金宽裕，就建标准化肉鸡场

一、肉鸡场场址的选择

① 水源不被污染，最好能使用 100 米以上的深井水，确保水量供应充足（图 2-11）和水源质量（表 2-1）。

图 2-11　水源要充足，并
符合饮用水标准

表 2-1　肉鸡饮用水可接受的最大矿物质浓度和细菌含量

物质种类	可接受的最大浓度
可溶性矿物总量	300~500 毫克 / 千克
氯化物	200 毫克 / 升
pH 值	6~8
硝酸盐	45 毫克 / 千克
硫酸盐	200 毫克 / 千克
铁	1 毫克 / 升
钙	75 毫克 / 升

物质种类	可接受的最大浓度
铜	0.05 毫克 / 升
镁	30 毫克 / 升
锰	0.05 毫克 / 升
锌	5 毫克 / 升
铅	0.05 毫克 / 升
粪大肠杆菌数	0

② 距离村庄 1 000 米以上，距离肉联场、集贸市场、其他饲养场都要在 2 000 米以上。

③ 应具备良好保温措施，保温要求墙体与屋顶都有保温材料处理（图 2-12）。

图 2-12 墙体和屋顶都用保温板

④ 舍内与舍外路面必须硬化成水泥路面，这是为了延长鸡场使用寿命的一个主要做法，减少疫病的污染机会（图 2-13）。

图 2-13　路面要硬化

⑤ 所有进风口和门窗都要有防蝇虫的设备，匀风窗上要钉窗纱，进入口要有门帘，以防蝇子进入（图 2-14）。

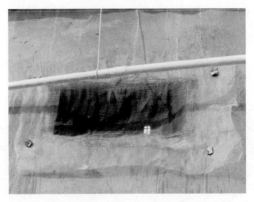

图 2-14　进风口要钉窗纱

⑥ 生产区内不能有污水沉积的地方，要有良好的排水系统。

⑦ 养殖过程中要保证充足的电力供应（图 2-15），为防万一，必须配备适合本场的备用、专用发电机（图 2-16），避免因断电而

导致生产停滞或诱发突发事件的发生（图2-17）。

图2-15　电力供应

图2-16　备用发电设备

图2-17　鸡舍停电中暑，致鸡成批死亡

二、肉鸡场的规划布局

规划建设养鸡场，一方面要考虑防疫需要，另一方面要给鸡以舒适环境，以发挥最大饲养效益。

（一）建设规模设计

规范化肉鸡场的规模与建场要求：长 × 宽 × 高为 (120~125) 米 ×(12~13) 米 ×3.5 米（图 2-18、图 2-19）。

场区占地总面积按每千只鸡需 200~300 米² 计算。不同规模

图 2-18　标准化鸡场外观　　　　图 2-19　标准化鸡场内景

鸡场占地面积调整系数为：大型场 1.0，中型场 1.1~1.2，小型场 1.2~1.3（可参考表 2-2）。

表 2-2　不同规模鸡场占地面积

单位：万只、米²

饲养规模	占地面积	总建筑面积	生产建筑面积	辅助生产建筑	共用配套建筑	管理区建筑
100	65 000~108 800	14 700~27 440	13 400~25 700	430~640	870~1 100	860
50	34 800~57 000	7 940~12 440	6 800~10 900	360~540	780~960	590
10	10 600~13 500	2 660~3 530	1 370~2 230	240~340	540~660	300

（二）场区规划布局

1. 建筑布局

（1）区位布局　区位布局的原则是：根据肉鸡场地势和当地全

年主导风向进行分区，即按地势坡向由高到低和主导风向从上风头到下风头对肉鸡场分区规划，先后顺序应为职工生活区→生产管理区→生产区→污染隔离区。

① 场前区。场前区包括行政和技术办公室、饲料加工及饲料库、车库、杂品库、更衣消毒和洗澡间、配电房、水塔、职工宿舍、食堂等（图2-20）。

图2-20　场前区

该区是担负肉鸡场经营管理和对外联系的区域，应设在与外界联系方便的位置。大门前应设有车辆消毒池（图2-21），两侧设门卫和消毒更衣室。

图2-21　门口消毒池

　　肉鸡场运输工具场内和场外要严格区分。负责场外运输的车辆严禁进入生产区，场内车辆不得到生产区外。业务人员、外来人员只能在场前区活动，不得随意进入生产区。必须进出时，必须经过自动喷雾消毒通道（图2-22、图2-23）。

图2-22　人员自动喷雾消　　　图2-23　车辆自动喷雾消毒通道
　　　　毒通道

　　② 生产区。生产区是肉鸡场的核心，鸡舍的排列要整齐有序，如果肉鸡场规模较大，应将生产区独立建设。开放式、密闭式肉鸡舍布局分别见图2-24、图2-25。

图2-24　开放式肉鸡舍布局　　　图2-25　密闭式肉鸡舍布局

（2）道路设置　场区间联系的主要干道为5~6米宽的中级路面，拐弯半径不小于8米。小区内与鸡舍或设施连接的支线道路，宽度以运输方便为宜。场内道路分净道和污道（图2-26），两者严格分开，不得存在交叉现象，生产和排污各行其道、各走其门，不得混用。污道要设有路肩并且做好硬化处理，便于消毒和冲洗。

图2-26　污道

2. 配套设施

（1）给水排水　场区内应用地下暗管排放产生的污水，设明沟排放雨、雪水（图2-27）。污水通道即下水道，要根据地势设有合理的坡度，保证污水排泄畅通，保证污水不流到下水道和污道以外的地方，防止形成无法消毒或消毒不彻底而形成永久性污染源。

（2）供电　电力负荷等级为民用建筑供电等级三级。自备电源的供电容量不低于全场用电负荷的1/4。

3. 场区绿化

鸡场应对场区空旷地带

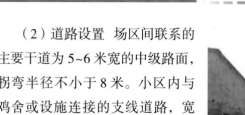

图2-27　明沟排放雨、雪水

进行绿化或植桑等
（图2-28）。鸡舍两
头，有条件的时候
在鸡舍近端（净道）
设置10米左右的防
护林带，特别是在
夏季，既利于空气
净化又利于降温；
在鸡舍远端（污道）
预留15米左右的防

图2-28 鸡场空旷地带植桑

护林带是必要的，否则纵向通风抽出的污浊的空气和粉尘会影响到
农民的庄稼、蔬菜和果树等，从而引起不必要的纷争。

4. 场区环境保护

新建鸡场必须进行环境评估，确保鸡场不污染周围环境，周围
环境也不污染鸡场环境。

图2-29 高效、环保、节能锅炉

采用污染物减
量化、无害化、资
源化处理的生产工
艺和设备。鸡场锅
炉应选用高效、低
阻、节能、消烟、
除尘的配套设备
（图2-29）。

污水处理能力
以建场规模计算
和设计，污水经处

理后的排放标准应符合 GB 8978 或 GB 14554 的要求。污水沉淀池要设在远离生产区、背风、隐蔽的地方，防止对场区内造成不必要的污染。鸡粪应随时运出场外进行无害化处理（图 2-30），死鸡处理区设有焚尸炉，用来焚烧病死鸡只和疫苗包装垃圾（图 2-31）。

图 2-30 鸡粪应随时运出场外进行无害化处理

图 2-31 死鸡处理区要设有焚尸炉，用来焚烧病死鸡只和疫苗包装垃圾

对于土建以后定点取土的地方，经过处理后建设成鱼塘，栽藕养鱼，同时也利于净化后冲刷鸡舍的污水排放。

5. 场内消防

为防止火灾发生（图2-32），鸡场应采取经济合理、安全可靠的消防措施，按 GBJ 39-90 的规定执行。

图 2-32　被大火烧坏的鸡场

三、鸡舍建造

1. 封闭式鸡舍

封闭式鸡舍即无窗鸡舍（图2-33）。鸡舍无窗（可设应急窗），舍内气候完全采用人工调整和控制，因此，对于生产的控制也有效。当然，人工控制舍内气候的成本较高，对电的依赖性极强。

图 2-33　无窗鸡舍

2. 开放式鸡舍

鸡舍设有窗洞或通风带，鸡舍不供暖，靠太阳能和鸡体散发的

热能来维持舍内温度；通
风也以自然通风为主，必
要时辅以机械通风；采用
自然光照辅以人工光照。
开放式鸡舍具有防热容易
保温难和基建投资运行费
用少的特点。开放式鸡舍
鸡易受外界影响和病原地
侵袭。我国南方地区一些

图 2-34 开放式鸡舍

中小型养鸡场或家庭式养鸡专业户往往采用（图 2-34）。

3. 有窗可封闭式鸡舍

这种鸡舍在南北两侧壁设窗作为进风口，通过开窗机来调节窗
的开启程度（图 2-35）。气候温和的季节依靠自然通风；在气候不
利时则关闭南北两侧大窗，开启一侧山墙的进风口，并开动另一侧
山墙上的风机进行纵向通风。有窗可封闭式鸡舍兼备了开放与封闭

图 2-35 有窗可封闭式鸡舍

鸡舍的双重功能，但该种
鸡舍对窗子的密闭性能要
求较高，虽然可以打开，
但可能会造成贼风，因其
只能全开或全关，因此调
节温度的作用有限。我国
中部甚至华北的一些地区
可采用此类鸡舍。

第三节 养殖肉鸡常用的设备与管理

一、肉鸡场重要的生产设备

就一个规范化肉鸡场（长 × 宽 × 高为（120~125）米 ×（12~13）米 ×3.5 米）来说，应具有下列设备：

风机：50 轴流风机 6 台、36 轴流风机 4 台。

标准化进风口——水帘：28 米^2，水帘循环池规格为长 × 宽 × 深＝ 2 米 ×1.5 米 ×1.5 米。

匀风窗：60 个 (规格：0.28 米 ×0.8 米)，最好外面配备遮黑窗。

供温设备：标准配置热风炉 1 台，热风炉的功 能是确保在最寒冷的季节里空舍温度达到 25℃以上。

供电设备要充足，以场内总用电量增加 30% 用电量配变压器。并购置备用发电机组一套。

（一）供料设备

1.开食盘

适用于雏鸡最初几天饲养。目的是让雏鸡有更多的采食空间。开食盘有方形、圆形等不同形状，面积大小视雏鸡数量而定，一般为 60~80 只 / 个，圆形开食盘直径为 350 毫米或 450 毫米，多用塑料制成（图 2-36）。

2.圆形饲料桶（图 2-37）

可用塑料和镀锌铁皮制作，主要用于平养。圆形饲料桶置于一定高度，料桶中部有圆锥形底，外周套以圆形料盘。料盘直径30~40厘米，料桶与圆锥形底间有2~3厘米的间隙，便于饲料流出。通常规格有2千克、4千克两种。

图2-36 圆形开食盘

图2-37 圆形饲料桶

3. 料槽

合理的料槽应该是表面光滑平整、采食方便、不浪费饲料、鸡不能进入、便于拆卸清洗消毒。制作料槽的材料可选用木板、竹筒、镀锌板等。常见的料槽为条形（图2-38）或V字形（图2-39），主要用于笼养鸡。

图2-38 条形料槽　　　　　　　图2-39 V形食槽

4. 链条式喂料系统

链条式喂料系统包括料箱、驱动装置、支架型链式喂料系统（图2-40、图2-41），能够保证将饲料均匀、快速、及时地输送到整栋鸡舍。

图2-40 自动链条式供料系统　　　图2-41 链条式供料

5. 行车式喂料系统

行车式喂料系统包括地面料斗（图2-42）、输料管道及管道内螺旋弹簧、动力，将饲料输送到鸡舍内的行车式喂料机（图2-43）。

图2-42　地面料斗

图2-43　行车式喂料机

6. 斗式喂料系统

斗式喂料系统包括室外储料塔（图2-44）、输料管道及管道内螺旋弹簧、动力，将饲料输送到鸡舍内的行车式斗式喂料车（图2-45）。

图2-44　给储料塔加料

图2-45　斗式喂料车

7. 塞盘式喂料系统

塞盘式喂料系统包括室外料塔、输料管道及塞盘式给料机（图2-46），将饲料输送到鸡舍内的塞盘式给料系统（图2-47）

图2-46 塞盘式给料机　　　　图2-47 塞盘式给料系统

8. 上料车

标准化鸡场可配备自动上料车（图2-48），自动化程度比较低的鸡场或者大棚养鸡场，可根据鸡舍内走道宽窄，自己焊制手推车上料（图2-49）。

图2-48 标准化鸡场的自　　　图2-49 手推车
　　　　动上料车

（二）饮水设备

一个完备的舍内自动饮水设备应该包括过滤器（图2-50、图2-51）、减压水箱（图2-52）、消毒和软化装置，以及饮水器及其附属的管路等。其作用是随时都能供给肉鸡充足、清洁的水，满足鸡的生理需求，但是软化装置投资大、设备复杂，一般难以做到很理想的程度，可以根据当地水质硬度情况给以灵活安排。

图2-50　过滤器（一）

图2-51　过滤器（二）

图2-52　减压水箱

目前，肉鸡常用的饮水器有水槽、乳头式、杯式、真空式、吊塔式等。其中最常用的饮水器主要有如下几种。

1. 水槽

水槽主要用于笼养肉种公鸡。水槽的截面有"V"形和"U"形

图 2-53 "U"形水槽

（图 2-53），多为长条形塑料制品，能同时供多只鸡饮用。水槽结构简单，成本低廉，便于直观检查。缺点是耗水量大，公鸡在饮水时容易污染水质，增加了疾病的传播机会。水槽应每天定时清洗消毒。水槽的水量控制方式有人工加水或水龙头常流水。

2. 乳头式饮水器

乳头式饮水器分为锥面、平面和球面密封型三大类，设备利用毛细管原理，在阀杆底部经常保持挂有一滴水，当鸡啄水滴时便触动阀杆顶开阀门，使水自动流出供其饮用，平时则靠供水系统对阀体顶部的压力，使阀体紧压在阀座上防止漏水。乳头式饮水器（图 2-54、图 2-55）适用于 2 周龄以上肉鸡。

图 2-54 乳头式饮水器

图 2-55 乳头式饮水系统

3. 杯式饮水器

杯式饮水器（图2-56）由杯体、杯舌、销轴和密封帽等组成，它安装在供水管上。杯式饮水器供水可靠，不易漏水，耗水量小，不易传染疾病，主要缺点是鸡

图2-56 杯式饮水器

饮水时将饲料残渣带进杯内，需要经常清洗，清洗比较麻烦。

4. 塔形真空饮水器

由一个上部呈馒头形或尖顶的圆桶，与下面的一个圆盘组成（图2-57）。圆桶顶部和侧壁不漏气，基部离底盘高2.5厘米处开1~2个小圆孔，圆桶盛满水后，当底盘内水位低于小圆孔时，空气由小圆孔进入桶内，水就会自动流到底盘；当盘内水位高出小圆孔时，空气进不去，水就流不出来。这种饮水器结构简单，使用方便，便于清洗消毒。

图2-57 真空饮水器

5.吊塔式饮水器

吊塔式饮水器主要用于平养肉鸡。饮水器吊在鸡舍内，高度可调，不妨碍鸡的自由活动，又使鸡在饮水时不能踩入水盘，可以避免鸡粪等污物落入水中。顶端有进水孔用软管与主水管相连。使用吊塔式饮水器（图2-58）时，水盘环状槽的槽口平面应与鸡背等高。

图2-58　吊塔式饮水器

（三）控温设备

1.地下烟道（火炕）

地下烟道或火炕供温，主要用于简易棚舍网上平养，由炉灶（图2-59）、烟囱（图2-60）、烟道（图2-61）、火炕（图2-62）

图2-59　室外炉灶口

图2-60　烟囱

图2-61　烟道供温

图2-62　火炕供温

构成。炉灶口设在棚舍外，烟道可用金属管、瓦管或陶瓷管铺设，也可用砖砌成，烟道一端连炉灶，另一端通向烟囱。烟道安装时，应注意有一定的斜度，近炉端要比近烟囱端低10厘米左右。烟囱高度相当于管道长度的1/2，并要高出屋顶。过高吸火太猛，热能浪费大，过低吸火不利，室内温度难以达到规定要求。砌好后应检查管道是否通畅，传热是否良好，并要保证烟道不漏烟。

2. 红外灯与红外线保温伞

红外灯（图2-63）具有产热性能好的特点，在电源供应较为正常的地区，可在育雏舍内温度不足时补充加热。红外灯灯泡的功率一般为250瓦，悬挂在离地面35~40厘米处，并可根据育雏温度高低的需要，调节悬挂高度（图2-64）。

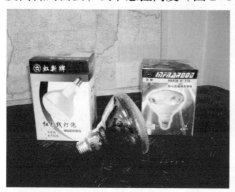

图2-63 红外灯

图2-64 红外灯育雏

红外线保温伞（图2-65）由伞部和内伞两部分组成。伞部用镀锌铁皮或纤维板制成伞状罩，内伞有隔热材料，以利保温。热源用电阻丝、电热管子或煤炉等，安装在

图2-65 红外线保温伞

伞内壁周围，伞中心安装电热灯泡。直径为 2 米的保温伞可养鸡 300~500 只。保温伞育雏时要求室温 24℃以上，伞下距地面高度 5 厘米处温度 35℃，雏鸡可以在伞下自由出入。此种方法一般用于平面垫料育雏。

3. 暖风机与暖风炉

暖风炉主机是风暖水暖结合的整机（图 2-66），以燃煤为主，配装轴流风机（图 2-67），运行安全可靠，热风量大，热利用率高，具有结构紧凑、美观、实用、安全、节能、清洁等特点（图 2-68），

图 2-66　暖风炉主机　　　　　　图 2-67　轴流风机

图 2-68　暖风机的安装

便于除尘与维修。

4. 火炉

广大农村养鸡户，特别是简易棚舍或平房养殖户，较多采用火炉取暖（图2-69），使用火炉取暖要注意取暖与通风的协调，避免一氧化碳中毒。

5. 湿帘及风机等降温设备

该设备主要用于密闭式鸡舍，是一种新型的降温设备。它是利用水蒸气降温的原理来改善鸡舍热环境，主要由湿帘（图2-70）

图2-69　煤炉供温

和风机（图2-71）组成，循环水不断淋湿其湿帘，产生大量的湿表面吸收空气中的热量而蒸发；通过低压大流量的节能风机的作用，使鸡舍内形成负压，舍外的热空气便通过湿帘进入鸡舍内，由于湿帘表面吸收了进入空气中的一部分热量使其温度下降，从而达到舍内温度降低的目的。

图2-70　湿帘

图2-71　风机

6. 低压喷雾系统

该系统喷嘴安装在鸡舍上方，以常规压力进行喷雾。用于风机辅助降温的开放式鸡舍。

7. 高压喷雾系统

特制的喷头（图2-72）可以将水由液态转为气态，这种变化过程具有极强的冷却作用。它是由泵组、水箱、过滤器、输水管、喷头组件、固定架等组成，雾滴直径在80~100微米。一套喷雾设备可安装3列并联150米长的喷雾管路，按一定距离在鸡舍顶部安装喷头（图2-73）。

图2-72 特制的喷头　　　　图2-73 喷头安装在鸡舍顶部

（四）通风、照明设备

鸡舍的通风换气按照通风的动力可分为自然通风、机械通风和混合通风3种，机械通风主要依赖于各种形式的风机设备和进风装置。

1. 常用风机类型

轴流式风机、离心式风机、圆周扇和吊扇一般作为自然通风鸡舍的辅助设备，安装位置与数量要视鸡舍情况而定。

2. 进气装置

进气口的位置和进气装置可影响舍内气流速度、进气量和气体在鸡舍内的循环方式。进气装置有以下几种形式。

（1）窗式导气板　这种导风装置一般安装在侧墙上，与窗户相通，故称"窗式导风板"，根据舍内鸡的日龄，体重和外界环境温度来调节风板的角度。

（2）顶式导风装置 这种装置常安装在舍内顶棚上，通过调节导风板来控制舍外空气流量。

图2-74 匀风窗

（3）循环用换气装置 主要是匀风窗（图2-74、图2-75），是用来排气的循环换气装置，当舍内温暖空气往上流动时，根据季节的不同，上部的风量控制阀开启程度不同，这样排出气体量与回流气体量亦随之改变，由排出气体量与回流气体量的比例的

图2-75 安装好的匀风窗

不同来调控舍内空气环境质量。

3．照明设备

肉鸡舍一般常用的是普通白炽电灯泡照明（图2-76），灯泡以15~40瓦为宜，肉鸡后期使用15瓦灯泡为好，每20米²使用1个，灯泡高度以1.5~2米

图2-76 普通白炽电灯泡照明

为宜。为节约能源，现在很多鸡场使用节能灯。

（五）消毒设备

1. 火焰消毒

火焰消毒主要用于肉鸡入舍前、出栏后喷烧舍内笼网和墙壁上的羽毛、鸡粪等残存物，以烧死附着的病原微生物。火焰消毒设备结构简单，易操作，安全可靠，以汽油或液化气作燃料，消毒效果好，操作过程中要注意防火，最好戴防护眼镜。常用的有燃气火焰喷烧器（图2-77）、汽油火焰喷灯（图2-78）等。

图2-77　燃气火焰喷烧器

图2-78　汽油火焰喷灯

2. 自动喷雾消毒器

这种消毒器可用于鸡舍内部的大面积消毒，也可作为生产区人员和车辆的消毒设施。用于鸡舍内的固定喷雾消毒（带鸡消毒）时，可沿鸡舍上部，每隔一定距离装设一个喷头（图2-79），也可将喷头安装在行走式自动料车上；用于车辆消毒时可在不同位置设置多

图2-79　自动喷雾消毒喷头

个喷头，以便对车辆进行彻底的消毒。

3．高压冲洗消毒机

高压冲洗消毒机（图2-80、图2-81）用于房舍墙壁、地面和设备的冲洗消毒。该设备粒度大时具有很大的压力和冲力，能将笼具和墙壁上的灰尘、粪便等冲刷掉。粒度小时可形成雾状，加消毒药物则可起到消毒作用。气温高时还可用于喷雾降温。

图2-80　高压冲洗消毒机　　　　图2-81　小型高压冲洗消毒机

此外，还有畜禽专用气动喷雾消毒器（图2-82），跟普通喷雾器的工作原理一样，人工打气加压，使消毒液雾化并以一定压力喷射出来。

图2-82　喷雾消毒器

（六）其他设施

1. 清粪设施

除了常用的粪车、铁锹、刮粪板、扫帚外，大型蛋鸡场要使用自动清粪系统。牵引式刮粪机包括刮粪板、钢绳和动力（图2-83、图2-84）。

图2-83　牵引式刮粪系统　　　　图2-84　刮出的粪便

2. 断喙设备

为减少饲料浪费及相互啄食，肉种鸡需要断喙。断喙器（图2-85）型号很多。

图2-85　断喙器

二、设备管理的重点

（一）规范操作

规模化养殖场自动化程度高，必须对饲养员尤其是新进人员包括后勤人员进行现场技术培训，让他们尽快了解设备特点和功能，迅速进行熟练操作，做好定期安全检查。特别是要学会操作使用环境控制器（图2-86）。

图2-86 环境控制器

（二）定期保养和维修

1．水线的维护和保养

首先保证水线（图2-87）有合理的压力，然后要定期冲洗水线、过滤器、乳头，肉鸡出栏后还要注意维护保养。

图2-87 自动供水线

2. 料线的维护和保养

塞盘式料线能增加采食料位见（图 2-88、图 2-89）。

料位的调节：调节手柄上面的 3 道横沟（图 2-90）是控制下料速度快慢的，前端有 3 个大小不同的孔（图 2-91），是下料用的，从左到右 3 条横沟对应前面 3 个孔，从而控制着下料的快慢和多少。

分饲调节：把图 2-92 中小把手扭平，掀起白色罩上提，让白罩上箭头对准数字，即可进行分口大小调节（图 2-93）。

图 2-88 塞盘式料线能增加采食料位　　图 2-89 塞盘式料线的动力设备

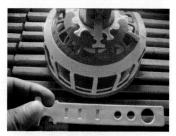

图 2-90 塞盘式料　　　　图 2-91 塞盘式料盘调节
盘调节手柄图　　　　　手柄上的下料孔

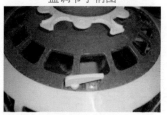

图 2-92 塞盘式料盘小把手　　图 2-93 塞盘式料盘小把手
可调节分口大小　　　　可调节分口大小

调节下料多少的办法：调节上面梅花环，就可以调节里面下料多少（图2-94）。下料罩与料盘底的差距大小也是下料多少的标志。料槽边缘高低的调节：压里边白圈，上提即可调节（图2-95）。

图2-94　调节梅花环，可调节
　　　　下料多少

图2-95　料槽边缘高低的调节：
　　　　压里边白圈，上提即可调节

　　夏季，要注意料塔不可一次贮料过多，随用随加（图2-96）。

3. 风机和湿帘的安装和使用

　　（1）风机　通风机械普遍采用的是风机和风扇。现在一般鸡舍通风多采用大直径、低转速的轴流风机。

图2-96　料塔中的饲料随用随加

　　纵向风机（图2-97）一般都是安装在鸡舍远端（污道一侧），采用负压通风方式，风机数量在8~12个，甚至更多。风机功率在1.1~1.4千瓦/台。纵向风机的作用，主要是满足肉鸡养殖后期和炎热季节对通风

图2-97　纵向风机

换气和散热降温的需要。

侧向风机（图2-98、图2-99），均匀分布在鸡舍的一侧，采用负压通风方式。风机功率在0.2~0.4千瓦/台。侧向风机主要是

满足肉鸡育雏期对缓和通风换气的基本需要，寒冷季节养殖肉鸡，主要依赖侧向风机的通风换气。但在我国北方冬季养殖肉鸡，很少使用纵向风机。

图2-98 侧向风机

全自动化操作室

侧向风机

图2-99

侧向风机和纵向风机的有效组合，支撑着整个通风换气系统的正常运转。

开放式鸡舍主要采用自然通风，利用门窗（图2-100）和自动通风天窗（轴流风机和换气扇结合使用）的开关来调节通风量（图2-101、图2-102），当外界风速较大或内外温差大时，通风较为有效；而在夏季闷热天气时，自然通风效果不大，需要机械通风作为补充。有些地区，也可使用通风管（图2-103）通风换气（图2-104）。

图 2-100　窗户可以开关

图 2-101　通风天窗

图 2-102　换气开关

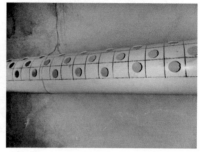

图 2-103　通风管

图 2-104　通风管通风

（2）湿帘　湿帘（图2-105）的主要作用，是空气通过湿帘进入鸡舍时降低了一些温度（图2-106），从而起到降温的效果。湿帘降温系统由纸质波纹多孔湿帘、湿帘冷风机、水循环系统及控制装置组成。夏季空气经过湿帘进入鸡舍，可降低舍内温度5~8℃。

图2-105　湿帘装置

4. 电脑环境控制仪的检查

定期检查环境控制器探头、仪表位置是否合适，有无移动，保证温度、湿度、负压指数具有代表性；根据舍内鸡只要求及时调整环境控制器（图2-107）的各项指标示数，以更好地控制舍内环境。环境控制仪一般由技术场长或助理管理人员进行操作，其他任何人都不许随便触动，更不许随意改动。

前区（高压）
36℃

冷区（负压）
28℃

后区（常压）
29℃

图2-106　空气通过湿帘降温

5. 发电机及配电设备的检查

对于发电机及配电设备，也要定期检查，以保证良好的工作状态。

6. 门窗的开启和关闭

随时检查门窗和烟囱，出现问题及时修缮。

图2-107　环境控制器

第三章

养好雏鸡就成功了一半

第一节　做好进雏前的准备工作

　　虽然育雏期（快大型肉鸡一般指0~7日龄）时间短暂，只占到肉鸡生产阶段（快大型肉鸡一般42日龄出栏）的1/6左右，但雏鸡阶段（图3-1）是肉鸡一生最重要的阶段。这段时间出现的任何失误，都不能在今后的肥育期进行改进和调整，并将严重影响以后的生长速度、成活率、饲料报酬，直接影响经济效益。

一、雏鸡的特点

　　① 雏鸡是比较适合运输的动物，因在出雏的2天内，雏鸡仍处于后发育状态（图3-2）。

图3-1　健康的雏鸡两眼炯炯有神

图3-2　处于后发育状态的雏鸡

② 雏鸡脐部在 72 小时内是暴露在外部的伤口，72 小时后会自己愈合并结痂脱落。

③ 雏鸡卵黄囊重 5~7 克，内含有供雏鸡生命所需的各种营养物质，雏鸡靠它能存活 5~7 天。雏鸡开始饮水、采食越早，卵黄吸收越快。

二、进雏前的准备工作

（一）鸡舍的清洗与消毒

在清扫的基础上用高压水枪（图 3-3）对空舍天棚、地面、笼具等进行彻底冲洗（图 3-4），做到地面、墙壁、笼具等处无粪块。

图 3-3　高压水枪　　　　　图 3-4　笼具要彻底冲洗

地面上的污物经水浸泡软化后，用硬刷刷洗后，再冲洗。如果鸡舍排水设施不完善，则应在一开始就用消毒液清洗消毒，同时对被清

图 3-5　地面火焰消毒　　　　　图 3-6　鸡笼火焰消毒

洗的鸡舍周围喷洒消毒药。

对鸡舍的墙壁、地面（图3-5）、笼具（图3-6）等不怕燃烧的物品，对残存的羽毛、皮屑和粪便，可进行火焰消毒。

鸡舍可进行熏蒸消毒。关闭鸡舍门窗和风机，保持密闭完好；按每立方米空间用甲醛（图3-7）42毫升，高锰酸钾（图3-8）21克，先将水倒入耐腐蚀容器（如陶瓷盘）内，然后加入高锰酸钾，均匀搅拌，再加入

图3-7 甲醛

图3-8 高锰酸钾

图3-9 熏蒸消毒

福尔马林，人即离开（图3-9）。鸡舍密闭熏蒸24小时以上，如不急用，可密闭2周。消毒结束后，打开鸡舍门窗，通风换气2天以上，等甲醛气体完全消散后再使用。

图3-10 喷洒消毒液

消毒液的喷洒（图3-10）次序应该由上而下，先房顶、天花

板，后墙壁、固定设施，最后是地面，不能漏掉被遮挡的部位。注意消毒药液要按规定浓度配制。鸡舍角落及物体背面，消毒药液喷洒量至少是每平方米 3 毫升。消毒后，最好空舍 2~3 周。

（二）铺设垫料，架设或修复网架，铺设网床，安装好水槽、料槽

至少在雏鸡到场 1 周前在地面上铺设 5~7 厘米厚的新鲜垫料（图 3-11），以隔离雏鸡和地板，防止雏鸡直接接触地板而造成体温下降。

图 3-11　铺好垫料的育雏舍　　图 3-12　网上铺好已消毒的饲料袋

网上育雏时，为防止鸡爪伸入网眼造成损伤，要在网床上铺设育雏垫纸、报纸或干净并已消毒的饲料袋（图 3-12）。

这些装运垫料的饲料袋子（图 3-13），可能进过许多鸡场，有

图 3-13　装运垫料的袋子

很大的潜在的传染性，不能掉以轻心，绝对不能进入生产区内。

雏鸡进舍前1周，搭建或修复好网架，铺设网床（图3-14、图3-15）。

图 3-14　用铁丝做网床支架　　　图 3-15　网床搭建

正确计算肉鸡的饲养密度及育雏所必需的设备数量，安装、调试好水线、料线（表3-1）。

表 3-1　育雏期最少需要的饲养面积或长度（0~4 周龄）

饲养面积：	
垫料平养	11 只 / 米 ^{2}
采食位：	
（链式）料槽	5 厘米 / 只
圆形料桶（42 厘米）	8~12 只 / 桶
圆形料盘（33 厘米）	30 只 / 盘
饮水位：	
水槽	2.5 厘米 / 只
乳头饮水器	8~10 只 / 个
钟形饮水器	1.25~1.5 厘米 / 只

图 3-16　安装、调试好水线、料线

（三）正确设置育雏围栏（隔栏）

肉鸡的隔栏饲养法（图3-17、图3-18）有很多好处，主要表现以下方面。

图3-17　做好隔栏　　　　　图3-18　雏鸡在隔栏内饲养

① 一旦鸡群状况不好，便于诊断和分群单独用药，减少用药应激。

② 有利于控制鸡群过大的活动量，促进增重。

③ 鸡铺隔栏可便于观察区域性鸡群是否有异常现象，利于淘汰残、弱雏。

④ 当有大的应激出现时（如噪声、喷雾等），可减少由应激所造成的不必要损失。

⑤ 接种疫苗时，小区域隔栏可防止人为造成鸡雏扎堆、热死、压死等现象发生。

⑥ 做隔栏的原料可用尼龙网或废弃塑料网，高度为30~50厘米（与边网同高），每500~600只鸡设一个隔栏。

⑦ 有利于提高鸡产品质量。可避免出栏抓鸡时，鸡的大面积扎堆、互相碰撞所造成的鸡肉出血、淤血现象发生。另外，还能避免出栏抓鸡时，鸡过于集中，使网架坍塌压死鸡现象的发生，减少损失。

若使用电热式育雏伞（图3-19），围栏直径应为3~4米；若使用红外线燃气育雏伞，围栏直径应为5~6米。用硬卡纸板或金属制成的坚固围栏可较好地保护雏鸡不受贼风侵袭，使雏鸡围护在保温伞、饲喂器和饮水器的区域内（图3-20）。

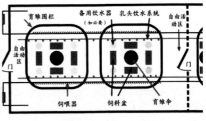

图3-19　电热式育雏伞　　　　图3-20　育雏伞育雏示意图

（四）鸡舍的预温

雏鸡入舍前，必须提前预温，把鸡舍温度升高到合适的水平，对雏鸡早期的成活率至关重要。提前预温还有利于排除残余的甲醛气体和潮气。育雏舍地表温度可用红外线测温仪测定（图3-21、图3-22）。

图3-21　可用红外线测
温仪测定鸡舍温度

图3-22　红外线
测温仪

一般情况下，建议冬季育雏时，鸡舍至少提前3天（72小时）预温；而夏季育雏时，鸡舍至少提前1天（24小时）预温。若同时使用保温伞育雏，则建议至少在雏鸡到场前24小时开启保温伞，并使雏鸡到场时，伞下垫料温度达到29~31℃。

　　使用足够的育雏垫纸或直接使用报纸（图3-23）或薄垫料隔离雏鸡与地板，有利于鸡舍地面、墙壁、垫料等在雏鸡到达前有足够的时间吸收热量，也可以保护小鸡的脚，防止脚陷入网格而受伤（图3-24）。

图3-23　使用报纸堵塞网眼　　　　图3-24　雏鸡脚进入网眼易损伤

（五）饮水的清洁与预温

　　保证雏鸡的饮水清洁至关重要。检查饮水加氯系统，确保饮水加氯消毒，开放式饮水系统应保持3百万分比浓度水平，封闭式系统在系统未端的饮水器处应达到1百万分比浓度水平。因为育雏舍已经预温，温度较高，因此，在雏鸡到达的前1天，将整个水线中已经注满的水更换掉（图3-25），以便雏鸡到场时水温可达到25℃，而且保证新鲜。

图3-25　已铺好垫料并预温，雏鸡到达前要更换水线中的水

第二节　接雏与管理

一、1 日龄雏鸡的挑选

雏鸡在孵化场孵出蛋壳从出雏器转移出来后，就已经经历了相当多的操作，如挑拣分级（图3-26），对出壳后的雏鸡进行个体选择，选留健雏，剔除弱雏和病雏（图3-27），公母鉴别，有的甚至已经做过免疫接种，如对出壳后的雏鸡进行马立克氏病疫苗的免疫接种（图3-28）。

图 3-26　雏鸡挑拣分级

图 3-27　剔除弱雏和病雏

图 3-28　雏鸡马立克氏病疫苗免疫接种

评价 1 日龄雏鸡的质量，需要对雏鸡个体进行检查，然后做出判断。检查的内容见表3-2。

表3-2 1日龄雏鸡的检查内容

雏鸡个体的检查内容	健康雏鸡（A雏）	弱雏（B雏）
反射能力	把雏鸡放倒，它可以在3秒内站起来	雏鸡疲惫，3秒后才可能站起来
眼睛	清澈，睁着眼，有光泽	眼睛紧闭，迟钝
肚脐	脐部愈合良好，干净	脐部不平整，有卵黄残留物，脐部愈合不良，羽毛上沾有蛋清
脚	颜色正常，不肿胀	跗关节发红、肿胀，跗关节和脚趾变形
喙	喙部干净鼻孔闭合	喙部发红，鼻孔较脏、变形
卵黄囊	胃柔软，有伸展性	胃部坚硬，皮肤紧绷
绒毛	绒毛干燥有光泽	绒毛湿润且发黏
整齐度	全部雏鸡大小一致	超过20%的雏鸡体重高于或低于平均值
体温	体温应在40~40.8℃	体温过高：高于41.1℃，体温过低，低于38℃，雏鸡到达后2~3个小时内体温应为40℃

健康的雏鸡应该在3秒内站立起来，即使是把雏鸡放倒，它也会在3秒内自行站立（图3-29）。将雏鸡抓握在手中，触摸骨架发育状态，腹部大小及松软程度。健康雏鸡较重，手感饱满、有弹性、挣扎有力（图3-30）。

图3-29 3秒内自行站立

图3-30 手握检查雏鸡质量

健康的雏鸡两眼清澈，炯炯有神（图3-31）；喙部干净，鼻孔闭合；绒毛干燥有光泽（图3-32）；大小一致，均匀度好；脚部颜色正常，无肿胀。

图3-31　健康雏鸡两眼清澈有神　　图3-32　健康雏鸡绒毛干燥有光泽

重点检查雏鸡脐部（图3-33），看是否有吸收不良的情况。健康的雏鸡脐部吸收良好，干净无污染（图3-34）。如卵黄囊未完全吸收，即造成脐部无法完全闭合。这些脐部闭合不良的雏鸡发生感染的风险较高，死亡率也高。必须留意接到的雏鸡中脐部闭合不良的比例有多高，及时与孵化场进行沟通。若无堵塞物，脐部随后还可以闭合。

 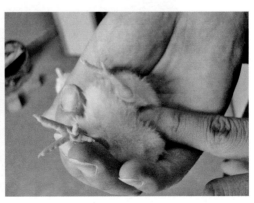

图3-33　雏鸡脐部检查　　图3-34　脐部吸收良好，干净无污染

图 3-35 雏鸡肛门上有深灰色水泥样凝块，这是有明显糊肛的雏鸡，应该立即淘汰这些雏鸡，图 3-36 雏鸡肛门上有深灰色铅笔样形状糊肛，还没有太坏的影响。

图 3-35　雏鸡肛门上有深灰色水泥　　图 3-36　雏鸡肛门上有深灰色铅笔
　　　　　样凝块　　　　　　　　　　　　　　　样形状糊肛

挑选好的雏鸡，用专用优质运雏箱（图 3-37）盛装，每个箱子中分 4 个小格，每格放 20~25 只雏鸡。也可用专用塑料筐。

图 3-37　雏鸡专用运雏箱

雏鸡出壳后 1 小时即可运输。夏季运输尽量避开白天高温时段。在运输过程中尽量使雏鸡处于黑暗状态。

图 3-38 将运雏箱装入车中，箱间要留有间隙，码放整齐，防

止运雏箱滑动。

运雏车到场后，应迅速将雏鸡从运雏车内移出。雏鸡盒放到鸡舍后，不能码放，要平摊在地上（图3-39），同时要随手去掉雏鸡盒盖，并在半小时内将雏鸡从盒内倒出，散布均匀。根据育雏伞育雏规模，将

图3-38 运雏箱装入车

正确数量的雏鸡放入育雏围栏内。空雏鸡盒应搬出鸡舍并销毁。

二、入舍与管理

行为是一切自然演变的重要表达。每隔数小时就应该检查鸡的行为，不止是在白天，夜间也同样需要进行行为观察。1日龄雏鸡的正常行为如下。

① 鸡群均匀地分布在鸡舍内各个区域，说明温度和通风设置的操作是正确的。

图3-39 雏鸡盒放到鸡舍后
要平摊在地上

② 鸡群扎堆在某个区域，行动迟缓，看上去很茫然，说明温度过低。

③ 鸡总是避免通过某个区域，说明那里有贼风。

④ 鸡打开翅膀趴在地上，看上去在喘气并发出唧唧声，说明温度过高或是二氧化碳浓度过高。

（一）低温接雏

在育雏温度的基础上稍微降低温度，使育雏围栏内的温度保持在 27~29℃，这样，能够让雏鸡逐步适应新的环境（图3-40），为以后生长的正常进行打下基础。

图3-40 雏鸡在新　　图3-41 刚进入育　　图3-42 4小
环境内自由觅食　　　雏舍分布不均　　　时后开始散开

雏鸡到达育雏舍后，需要适应新的环境，此时雏鸡分布不均匀（图3-41），但4~6小时后，雏鸡应该开始在鸡舍内逐渐散开（图3-42），并开始自由饮水、采食、走动，24小时后在鸡舍内均匀散开（图3-43）。

图3-43 24小时后均匀散开

（二）适宜的育雏温度

雏鸡入舍 24 小时后，如果仍然扎堆，可能是由于鸡舍内温度太低。当鸡舍内温度太低时，若未对垫料和空气进行加热，将导致鸡的发育不良和鸡群整齐度差。雏鸡扎堆会使温度过高，雏鸡一到达育雏舍后就应该立即将其散开，同时保持适宜的温度并调暗光照。

1. 学会看鸡施温

温度是否合适，应该观察雏鸡个体的表现（图 3-44）。温度适宜时，雏鸡均匀地散在育雏室内，精神活泼、食欲良好、饮水适度。

图 3-45 中，温度比较适宜，鸡群分布均匀，吃料有序，有卧有活动的，卧式也比较舒服；图 3-46 中，温度偏高，鸡群躲在围栏边缘处，但卧式也较好，表示温度略偏高些，鸡群也能适应，这只是表示鸡群想远离热源。若温度持续升高，就会出现图 3-47、图 3-48 中的现象，鸡群不再静卧，会出现张口呼吸、翅膀下垂。

图 3-44　温度偏高的个体反应：张口呼吸、翅膀张开

图 3-45　鸡群分布均匀，吃料有序，卧式也比较舒服

图 3-46　温度明显偏高，鸡群躲在围栏边缘处

图 3-47　温度过高，雏鸡张口呼吸

图 3-48　温度过高，雏鸡翅膀张开

2. 不同育雏法的温度管理

（1）温差育雏法　就是采用育雏伞作为育雏区域的热源进行育雏。前 3 天，在育雏伞下保持 35℃，此时育雏伞边缘有 30~31℃，而育雏舍其他区域只需要有 25~27℃即可。这样，雏鸡可根据自己的需要，在不同温层下进进出出，有利于刺激其羽毛的生长，将来脱温后雏鸡将很强壮并且很好养。

随着雏鸡的长大，育雏伞边缘的温度应每 3~4 天降 1℃左右，直到 3 周龄后，基本降到与育雏舍其他区域的温度相同（22~23℃）即可。此后，可以停止使用育雏伞。

育雏伞下温度是否合适，可通过观察雏鸡的分布情况来判断（图 3-49）。

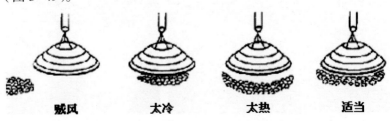

贼风　　　　太冷　　　　太热　　　　适当

图 3-49　育雏伞下育雏是温度变化与雏鸡表现

（2）整舍取暖育雏法 与温差育雏法（也叫局域加热育雏法）不同的是，整舍取暖育雏法采用锅炉作为热源，在舍内通过暖气片（或热风机）散热供暖；或者采用热风炉作为热源供暖。因此，整舍取暖育雏法也叫中央供暖育雏法。

由于不使用育雏伞，鸡舍内不同区域没有明显的温差，一般来说，如果雏鸡均匀分散，就表明温度比较理想（图3-50，表3-4）。

以上2种育雏法的育雏温度可参考表3-3执行。

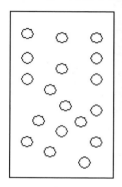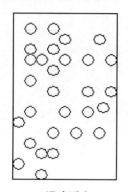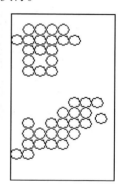

温度过高　　　　　　温度适宜　　　　　温度过低

图3-50　整舍取暖育雏法育雏温度的观察

表3-3　不同育雏法育雏温度参考值

整舍取暖育雏法		温差育雏法		
日龄	鸡舍温度（℃）	日龄	育雏伞边缘温度（℃）	鸡舍温度（℃）
1	29	1	30	25
3	28	3	29	24
6	27	6	28	23
9	26	9	27	23
12	25	12	26	23
15	24	15	25	22
18	23	18	24	22
21	22	21	23	22

（三）确保适当的相对湿度

雏鸡进入育雏舍后，必须保持适当的相对湿度，最少55%。寒冷季节，若需要额外的加热，假如有必要，可以安装加热喷头，或者在走道泼洒些水，效果较好（图3-51，表3-4）。

图3-51　在走道里洒水提高湿度

表3-4　在不同的相对湿度下达到标准温度所对应的干球温度

日龄（天）	目标温度 （℃）	相对湿度 （%） 范围	不同相对湿度下理想的温度 （℃）			
			50%	60%	70%	80%
0	29	65~70	33.0	30.5	28.6	27.0
3	28	65~70	32.0	29.5	27.6	26.0
6	27	65~70	31.0	28.5	26.6	25.0
9	26	65~70	29.7	27.5	25.6	24.0
12	25	60~70	27.2	25.0	23.8	22.5
15	24	60~70	26.2	24.0	22.5	21.0
18	23	60~70	25.0	23.0	21.5	20.0
21	22	60~70	24.0	22.0	20.5	19.0

（四）通风

鸡舍内的气候取决于通风、加热和降温的结合。对于通风系统的选择还要适应外部的条件。无论通风系统简单或复杂，首先要能够被人操控。即使是全自动的通风系统，管理人员的眼、耳、鼻、皮肤的感觉也是重要的参照。

自然通风不使用风机促进空气流动。新鲜空气通过开放的进风口进入鸡舍，如可调的进风阀门、卷帘。自然通风是简单、成本低的通风方式（图3-52）。

即使在自然通风效果不错的地区，养殖场

图3-52　开启窗户和进风口，可以进行自然通风

主们也越来越多地选择机械通风（图3-53）。虽然硬件投资和运行费用较高，但机械通风可以更好地控制鸡舍内环境，并带来更好的饲养结果。通过负压通风的方式，将空气从进风口拉入鸡舍，再强制抽出鸡舍。机械通风的效果取决于进风口的控制。如果鸡舍侧墙上有开放的漏洞，会影响通风系统的运行效果。

图3-53　机械通风

横向通风：风机将新鲜空气从鸡舍的一侧抽入鸡舍，横穿鸡舍后从另一侧排除。通风系统可以设置最小和最大的通风量。

侧窗通风：进风口设置在鸡舍两侧，风机安装在鸡舍一端。这种通风方式非常适合于常年温度变化不大的地区（如海洋性气候地区），其设备投资和运行费用均较低。

屋顶通风：风机安装在屋顶的通风管道处，进气阀均匀分布在鸡舍两边。该通风方法经常用于较冷天气的少量通风。该系统少量通风时运行较好，大量通风时运行成本较高，因为需要大量的风机和通风管。

纵向通风：风机安装在鸡舍末端，进风口设置在鸡舍前端或前端两侧的一段侧墙上。空气被一端的风机吸入鸡舍，贯通鸡舍后从末端排出。纵向通风可以加大空气流动速度，最大至3.4米/秒，从而给鸡群带来风冷效应。在通风量要求很大的鸡舍，通常采用纵向通风系统。

复合式通风：纵向通风经常与屋顶通风或侧窗通风等联合使用。屋顶和侧窗通风用于少量通风，当较大量通风时需要把这些阀门关闭且进风口打开。复合式通风将被逐渐广泛应用（图3-54）。

要及时对

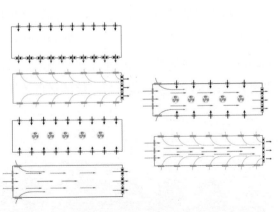

图3-54　通风方式（左侧从上到下依次是横向通风、侧窗通风、屋顶通风、纵向通风，右侧为复合式通风）

通风效果进行评价。图3-55中，右上角图片是通风效果良好的示意图，其他示意图是地面平养系统中通风失败的例子。

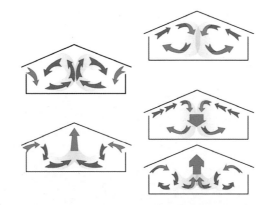

图 3-55　通风效果的评价

其中，左上角示意图中，气候炎热的时候，需要调整遮风板；新鲜的冷空气会高速吹向鸡群。左下角示意图，鸡群聚集在鸡舍中间，远离鸡舍两侧；遮风板关闭太严，造成通过遮风板进入鸡舍的空气十分有限，少量新鲜空气进入鸡舍后马上就消散了；调整遮风板，最少打开两个手指的空间。右侧中间示意图中，新鲜的冷空气在鸡舍中部沉降下来，在鸡舍两侧，空气的流动速度较慢；鸡群避免停留在鸡舍中部，大多聚集在鸡舍两侧，造成两侧的垫料潮湿，质量下降；减少通风量。右下角示意图中，新鲜的冷空气沉降得太快，没有跟鸡舍内的热空气充分混合并升高温度，鸡群聚集在鸡舍中部；在鸡舍内部会形成两个条状地带没有鸡停留，这就是所谓的"斑马线效应"；增加通风量。

通风量的设定不仅仅依靠温度，还需要考虑鸡舍湿度，以及鸡背高度的风速和空气中的二氧化碳浓度。如果二氧化碳浓度过高，鸡会变得嗜睡。如果人在鸡背高度持续工作超过 5 分钟后有头痛的感觉，那么二氧化碳的浓度至少超过 3500 毫克 / 米^3，说明通风量不够。还要注意，不能有贼风。

你是否注意过鸡舍地面的颜色？如果是暗黑色，那就是太潮湿（图 3-56），应该立即增加通风量。同时检查这种情况是整个鸡舍都存在还是仅仅发生在某个区域。

图 3-56　鸡舍地面潮湿时呈暗黑色

图 3-57 是一个典型的有贼风的例子，雏鸡全部聚集在圆形挡板处，以躲避贼风。

图 3-57　雏鸡聚集在圆形挡板处

防风林带和鸡舍外的墙，都会起到减少风的影响的作用（图3-58），在密闭鸡舍，防风装置可以安装在进风口前适合的位置。

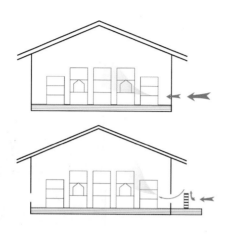

图 3-58　鸡舍外的墙可减弱贼风影响

确保在育雏的最初几天关闭进风口和门窗，以防止贼风（图3-59、图3-60）。如果育雏舍的光照强度弱，且自然光照时间短时可以使用舍内光照系统，适时、适当补充光照。

图 3-59　关闭门窗防止贼风

图 3-60　堵塞窗口防止贼风

第三节　饮水与开食

一、饮水

雏鸡入舍后，要安排足够的人员教雏鸡饮水。雏鸡刚进育雏室对环境不适应，不会饮水，放鸡时可逐只在水里沾一下喙，或是先抓几只雏鸡，把喙按入饮水器（图3-61、图3-62）或接触到饮水乳头，这样反复2~3次便可学会饮水。这几只

图3-61　教雏鸡学饮水（一）

雏鸡学会后，其他的雏鸡很快都去模仿，不久即可全部学会饮水（图3-63）。

图3-62　教雏鸡学饮水

图3-63　雏鸡学饮水（二）

　　因雏鸡长途运输、脱水、遇到极端温度等，第1天应在饮水中添加3%~5%的食糖（如多维葡萄糖），可缓解应激效果。食糖溶液饮用天数不能过多（一般2~3天），否则易出现糊肛现象。要保证使100%雏鸡喝到第1口水。

　　鸡舍灯光要明亮，让饮水器里的水或乳头悬挂的水滴反射出光线，吸引雏鸡喝水（图3-64）。饮水系统的优缺点见表3-5。

图3-64　灯光照射后水滴反射，吸引雏鸡喝水

表3-5　饮水系统的优缺点

钟式饮水器	乳头式饮水器	饮水杯
+ 很容易喝到水	+ 封闭系统，水总是新鲜的	+ 容易喝到水
+ 水位和悬挂高度容易调	+ 少量的水会喷出来	+ 容易检查是否堵塞
– 开放系统，水有时不新鲜	+ 有较大的空间可以来回走动	– 投资成本高
– 水会喷出来，把垫料弄湿	– 投资成本高	– 污染概率大
	– 较难控制水量分配	– 空间小

　　注："+"表示优点，"–"表示缺点。

抓起一把垫料，如果能看到有垫料飘落到地上，这是一个好的迹象，因为这意味着垫料是干燥的（图3-65）。

不同温度条件下饮水量与喂料量的最低比率可参考表3-6。

图3-65　经常检查饮水器是否漏水

表3-6　不同温度条件下饮水量与喂料量的最低比率

温度（℃）	水/料（毫升/克）	增减（%）
15	1.8	-10
21	2.0	*
27	2.7	+33
32	3.3	+67
38	4.0	+100

例：一个存栏4 000只鸡的鸡舍，每只鸡每天的采食量为30克，当温度为38℃时，最低供水量为：30 × 4.0 × 4 000=480（千克）（即480升水）。

饮水量取决于采食量、饲料组分、鸡舍温度和日龄大小。一般来说，从10日龄开始，鸡的饮水量和饲料的比值应该在1.8~2。每天的饮水量是鸡群健康与否的重要指标，记录每天的饮水量和检查采食量，饮水量的突然增加是一个重要信号。

如果乳头式饮水器的出水量太少，鸡的饮水量就少。定期检查水压和乳头式饮水器的出水量。可以放一个容器到一个乳头式饮水器下持续1分钟，通过测定容器中的水量，来测定水流速度（图3-66）。这个工作需要在

图3-66 检查饮水器的出水量

不同的水线重复进行。一个惯用的简单方法是：水流速度（毫升/分钟）＝鸡的日龄+20。例如，35日龄+20=55毫升/分钟。太多的水将导致溢出和垫料潮湿，会减低鸡的质量和造成脚垫损伤。对饮水进行实验室检测，全面检查水线是否被污染。

鸡最舒服的饮水姿势是身体站立，抬头，使水正好流进喉咙。可以通过调整饮水乳头的高度来控制。对于1周龄的雏鸡，喙和饮水乳头的最佳角度是35°～45°，大于1周龄的雏鸡，喙和饮水乳头的最佳角度是75°～85°（图3-67）。

图3-67 鸡的饮水姿势

在大型的肉鸡场，当肉鸡进入鸡舍后，去掉喷雾器的喷头，向乳头式饮水器的接水杯中加水，确保水杯中不断水，是一种好的做法（图3-68）。

饮水的质量标准见表3-7。

图3-68 向乳头式饮水器的接水杯中加水

表 3-7 饮水的质量标准

混合物	最大可接受水平	备注
总细菌量	100 菌落形成单位 / 毫升	最好为 0 菌落形成单位 / 毫升
大肠杆菌	50 菌落形成单位 / 毫升	最好为 0 菌落形成单位 / 毫升，超标会使肠道功能失调
硝酸盐（可以转变为亚硝酸盐）	25 毫克 / 升	3~20 毫克 / 升的水平有可能影响生产性能，如出现呼吸道问题等
亚硝酸盐	4 毫克 / 升	pH 值最好不要低于 6，低于 6.3 就会影响生产性能
pH	6.8~7.5	
总硬度	180	低于 60 表明水质过软；高于 180 表明水质过硬
氯	250 毫克 / 升	如果钠离子高于 50 毫克 / 升，氯离子低于 14 毫克 / 升就会有害，如采食量下降
铜	0.06 毫克 / 升	含量高会产生苦的味道
铁	0.3 毫克 / 升	含量高会产生恶臭味道，肠道功能失调
铅	0.02 毫克 / 升	含量高具有毒性
镁	125 毫克 / 升	含量高具有轻泻作用，如果硫水平高，镁含量高于 50 毫克 / 升则会影响生产性能
钠	50 毫克 / 升	如硫或氯水平高，钠含量高于 50 毫克 / 升会影响生产性能
硫	250 毫克 / 升	含量高具有轻泻作用，如果镁或氯水平高，硫含量高于 50 毫克 / 升则会影响生产性能
锌	1.50 毫克 / 升	高含量具有毒性

　　鸡的饮用水，人尝起来也应该是爽口的，应不含有任何的危险物质或者杂质。

　　一般情况下，鸡的饮水量是其采食量的 1.8~2 倍。如果温度超过 30℃，每天的饮水量就会增多。因此，在高温环境中应确保提供足够的清凉饮水。

　　① 确保供水系统（水塔、架起的水桶）在阴凉处，且能较好

地隔热。

② 确保水管不被暴晒。

③ 让水线末端的水流缓慢。

④ 如果温度太高，可以放部分冰块到水箱里。

图 3-69 为了获得足够的压力，水箱的位置较高，外边没有设置隔热层，阳光暴晒后，水温升高，容易导致热应激。

图 3-70 平房上的水箱外加了隔热层，避免整天被阳光暴晒，可以避免水进入鸡舍时水温过高。

图 3-69 没有设置隔热层的水箱 　　图 3-70 设有隔热层的水箱

二、开食

当雏鸡充分饮水 1~2 小时后，要及时给料。开口饲料可选择合适的颗粒破碎料，加湿成湿拌料（手握成团，松手即散的状态，见图 3-71）。

图 3-71 湿拌料

　　将事先拌好的湿拌料均匀撒在铺好的饲料袋或铺好的报纸上（图3-72、图3-73），最好撒向雏鸡多的地方，诱导雏鸡啄食，建立食欲。使雏鸡抬头能喝水，低头能吃料即可。

图3-72　铺好饲料袋的育雏室　　图3-73　将拌好的湿拌料均匀撒在铺好的饲料袋上

　　可以直接把破碎颗粒料撒在铺网上的报纸、牛皮纸或编织袋上（图3-74），便于雏鸡采食。也可以直接将破碎料直接撒在地上让雏鸡觅食（图3-75）。

图3-74　把颗粒料直接撒在报纸上，让鸡觅食　　图3-75　将破碎料直接撒在地上让雏鸡觅食

　　每次添料时，应及时清理料盘里的旧料，并定期清洁料盘（图3-76）。尽量保证每圈每天的喂料量基本相同。开食6小时左右，即可将栏内的开食盘翻开并在内撒料，以后逐步将开食盘全部加入

栏内，并不再向编织袋上撒料。10 个小时左右，将雏鸡的采食全部过渡到开食盘，并慢慢取走料袋。

依据管理人员测定情况，安排工人进行逐一摸鸡，将未饮水、没吃料的弱鸡、小鸡挑出放在残栏中单独饲养（图 3-77）。

图 3-76　清理料盘

注意残栏的特殊照顾，并且由于鸡群的群居性，不要将单个、少量的弱鸡单独饲养，避免其孤独、精神不振，记着它们是弱势群体，要特别关注。对挑选出来的不吃料和没饮上水的雏鸡，"开小灶"进行单独饲养（图 3-78）。

图 3-77　人工挑出未饮水、没吃料的弱鸡

如果鸡群分布均匀，开水、开食正常，可以每小时"驱赶"鸡群一次，让其自由活动，增强食欲。如果鸡群扎堆，则需随时赶鸡，保证鸡群不出现扎堆现象（图 3-79）。

图 3-78　挑出来的不吃料和没饮上水的雏鸡单独饲养

开食良好的标志是：在入舍 8 小时后有 80% 的雏鸡嗉囊内有水和料，入舍 24 小时后有 95% 以上的雏鸡嗉囊丰满合适，否则以后很难生长得较理想。检查嗉囊时，如果手感过硬像"小石子"，表明雏鸡采食后饮水量少；如果手感过软像"水泡"，表明饮水量过大，而没有采食饲料；饮水量或采食量适宜时，嗉囊手感微软、有硬物。

图 3-79　鸡群没有扎堆现象

三、病弱雏鸡的识别和挑选

死淘率高造成的鸡群损失往往发生在育雏的前 7 天。

常见的弱鸡是指发育不良，歪脖、伸脖或仰头、瘸腿、扎堆的鸡。弱鸡的表现与发生原因见表 3-8。

表 3-8　弱鸡的表现与发生的原因

弱鸡的表现	发生的常见原因
发育不良	觅食和觅水的能力差，不易找到料槽和水槽，或是放置育雏纸上的饲料消耗太快而有没能及时补充。这在饲养周期内无法补救
歪脖、扭脖、伸脖和仰头	脑部炎症，可能是由于沙门氏菌感染，或是感染了链球菌、肠球菌、霉菌等。这多与孵化场内感染有关。伸脖多是感染了呼吸道病
瘸腿	细菌性感染，如感染沙门氏菌、链球菌、肠球菌、大肠杆菌等。这个阶段的细菌感染往往是与种蛋质量和孵化场的条件有关。之后，就根据瘸腿问题的严重性来决定养护的质量
扎堆	鸡群感觉太冷

图 3-73　歪脖、扭脖和仰头

图 3-74　伸脖

图 3-75　干瘪的死鸡

图 3-73 这种歪脖、扭脖和仰头（观星），多有脑部病变，图 3-74 这种伸脖多是呼吸困难造成的，图 3-75 这种干瘪的死鸡多因肾型传染性支气管炎造成。

图 3-76 中这种糊肛呈浅灰色水泥样凝块，通常是因为严重的细菌如沙门氏杆菌感染或是肾脏功能失调所致。应该立即淘汰这部分鸡。腹膜炎症会影响肠道蠕动，造成尿失禁，而白色尿酸盐一旦干燥，会形成水泥样包

图 3-76　糊肛（一）

裹，通常在应激时发生。

图 3-77 中这种糊肛还是比较轻微的，没有太大的危险性，雏鸡白痢的可能性大，用敏感药物可以治愈。

图 3-77　糊肛（二）

第一节　饲料管理

随着饲料工业的发展，肉鸡的营养需求已不再是养殖场或养殖户考虑的范围，肉鸡的营养需求已成为饲料生产厂家的核心工作。所以，作为养殖场或养殖业主，只要把精力放在饲料品质和饲料厂家的选择上就可以了。

好饲料就是要营养均衡、有质量保证、能够满足不同季节、不同生长阶段肉鸡对营养的不同需求。由于近年来饲料行业竞争加剧、饲料原料价格上涨，加上气候对玉米、大豆产量的影响，个别饲料质量出现不稳。所以作为规模化养殖场在饲料采购和存放上应注意以下几点。

一、饲料厂家的选择

在选择饲料厂家时，不要被饲料价格和返还所左右，无论是购买配合料、浓缩料，还是预混料，都要把注意力关注在饲料厂的资质上，重视饲料厂家的规模和信誉。

二、饲料种类的选择

（一）饲料的种类

1. 按营养成分分类

（1）全价配合饲料 又称全价饲料，它是采用科学配方和通过合理加工而得到营养全面的复合饲料，能满足鸡的各种营养需要，经济效益高，是理想的配合饲料。全价配合饲料可由各种饲料原料加上预混料配制而成，也可由浓缩饲料稀释而成。全价配合饲料在鸡上用得最多。

（2）浓缩饲料 又叫平衡用混合饲料和蛋白质补充饲料。它是由蛋白质饲料、矿物质饲料与添加剂预混料按规定要求混合而成。浓缩饲料不能直接用于喂鸡，一般含蛋白质 30% 以上，与能量饲料的配合比应按生产厂的说明进行稀释，通常占全价配合饲料的 20%~30%。

（3）添加剂预混料 由各种营养性和非营养性添加剂加载体混合而成，是一种饲料半成品，可供生产浓缩饲料和全价饲料使用，其添加量为全价饲料的 0.5%~5%。

（4）混合饲料 又叫初级配合饲料或基础日粮。由能量饲料、蛋白质饲料、矿物质饲料按一定比例组合而成，它基本上能满足鸡的营养需要，但营养不够全面，只适合农村散养户搭配一定的青绿饲料饲喂。

2. 按肉鸡的生理阶段分类

肉鸡按周龄分为 3 种或 2 种，如前期料、中期料和后期料等。

3. 按饲料物理形状分类

鸡的饲料按形状可分粉料、颗粒料、粒料和碎裂料，这些不同形状的饲料各有其优缺点，可酌情选用其中的 1 种或 2 种。通常生长后备鸡、蛋鸡、种鸡喂粉料；肉仔鸡 2 周内喂粉料或碎粒料，3 周龄上后喂颗粒料；肉种鸡喂碎粒料。

（1）粉料　粉料（图4-1）是将饲料原料磨碎后，按一定比例与其他成分和添加剂混合均匀而成。这种饲料的生产设备及工艺均较简单，品质稳定，饲喂方便安全可靠。

（2）颗粒料　颗粒料是粉料再通过颗粒压制机压制成的块状饲料（图4-2），形状多为圆柱状。

图4-1　粉料

图4-2　颗粒料

（3）粒料　粒料主要是未经过磨碎的整粒的谷物，如玉米、稻谷或草籽等。粒料容易饲喂，鸡喜食、消化慢，故较耐饥，适于傍晚饲喂。

（4）碎裂料（粗屑料）　碎裂料是颗料经过粗磨或特制的碎料机加工而成，其大小介于粉料和粒料之间，它具有颗粒料的一切优点和缺点，成本较颗粒料稍高。

生产中一般选择方法是：0~2周龄用粉料饲养，3周龄至上市用颗粒料饲养。开食、患有某些疾病（如肾型传染性支气管炎等）时，使用粒料或碎裂料。

三、饲料的运输和存放

运输车辆在使用前要进行严格的消毒，运输途中注意防护。成袋饲料整齐码放在干燥的仓库内（图4-3），底层要放托盘（图4-4）。

图4-3　码放整齐的饲料

图4-4　底层放托盘

第二节 生长期和育肥期的管理

一、科学调整喂料

生长期的鸡已能适应外界环境的变化。换料时要循序渐进，逐渐更换，以免消化系统不适应饲料营养成分的突然变化，带来不必要的损失（图4-5）。

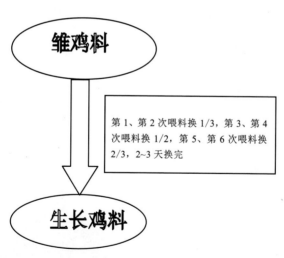

图4-5 换料要循序渐进，逐渐进行

鸡有挑食的习惯，容易把饲料撒到槽外，所以每次投料不可超过料槽高度的1/3。应根据鸡不同的生长阶段，及时更换足够大、添加足够多的喂料工具，而且分布要均匀，以免影响采食，导致均匀度降低，影响鸡群的整齐上市。图4-6中的料槽位置太偏，水位明显不足。

图4-6　料槽位置太偏，水位明显不足

二、供给充足饮水

新鲜清洁的饮水对鸡正常生长尤为重要，每采食1千克饲料要饮水2千克以上，气温越高饮水越多。为使所有的鸡都能得到充足的饮水，自动饮水的鸡场要保证饮水器（图4-7）内不断水，使用其他饮水器的要保证有足够的饮水器且分布要均匀。饮水器的高度要适时调整，防止饮水外溢，造成鸡舍内潮湿。

图4-7　自动饮水器

三、大小、强弱分群

在饲养过程中，因为个体差异、环境影响或饲养管理不当，可能会出现一些弱鸡，要及时进行大小、强弱分群，挑出病、弱、残、次的鸡，根据不同情况分别对待，以提高鸡群均匀度。个别残次个体应及时挑出予以淘汰，这样既可节约饲料，又可避免对其他个体产生影响（图4-8至图4-11）。

图4-8　病残鸡要及时挑出

图4-9　这种瘫鸡要及时拣出来处理掉

图4-10　挑出乍毛的不健康小鸡单独饲养或淘汰

图4-11　挑出弱的雏鸡、不吃食的雏鸡单独饲养

第三节　观察鸡群，应对管理

日常管理中加强鸡群巡视，观察鸡群状况，可以随时发现饲养环境中存在的问题，改善鸡舍小环境；通过及时了解鸡群生长发育情况，便于对疾病采取预防和治疗措施，降低损失；通过对鸡只个体单独的管理，减少个体死亡，提高成活率。

一、观察鸡群的原则和方法

动用自己所有的感官，甚至在进入鸡舍前，就应该轻声来到鸡舍门外，静静地停留一会儿，仔细听听鸡群发出的声音有无异常（图 4-12）。

定期进入鸡舍进行静止观

图 4-12　听鸡群发出的声音

察，不要在鸡舍内来回走动（图 4-13）。可以在鸡舍里安静地观察 15 分钟，也可以搬把椅子坐在鸡舍里，仔细观察鸡群的活动状况，并且定期重复观察。

图 4-13　静止观察鸡群

观察鸡群可以实行边工作边观察与专门观察相结合。

一次完整的巡查，必须走

遍整个鸡舍，而不是仅仅停留在鸡舍前部或仅仅巡检一个过道（图4-14）。巡检、观察时，不可仅仅停留在观察鸡的行为上，还要注意检查水线、料线的工作运行状况，查看有无堵路、漏水等情况（图4-15）。要观察鸡舍前后左右每一个角落，同时不要忘记看看鸡舍顶棚。

图4-14　检查过道

图4-15　检查水线

二、群体观察与应对管理

　　一个运营良好的鸡场，一定要定期巡查鸡舍周边环境状况，以确认可能存在的问题及改进策略。进入鸡舍前，应抓住重点，先从鸡舍外部进行巡查。

　　鸡舍巡查要遵循先群体，再个体，再群体的原则和顺序。先从鸡群整体观察开始，看鸡群是否在地面（地面厚垫料平养）、网床（网上饲养）上均匀分布，鸡群是否特别偏好聚集在鸡舍某个特定区域，或是由于鸡舍气候恶劣（如过于干燥或寒冷、附近有贼风等）而避免到某个区域去（图4-16）。

　　尝试发现鸡与鸡之

图4-16　个体分布不均匀，检查是否有贼风

间的不同，观察鸡群的整齐度，了解为什么会发生鸡群个体之间的差异。抓出那些看上去比较特别的鸡只个体，进行近距离观察（图4-17）。如果发现有异常，要确定是由偶发因素造成的，还是一个潜在的重大问题的前兆。平

图4-17 鼻孔上粘有稻壳，说明有鼻液，可能是感冒

图4-18 对个体进行观察并在大群背景下评估

时还要随机抓出一些鸡只个体进行观察和评估。对一些个体的观察，还需要把它放到鸡群的大背景下进行评估（图4-18）。因此，鸡群观察的顺序是先整体后个体，再从个体到整体。

在鸡舍外留出至少2米的开放地带（图4-19），便于防鼠。因为鼠类一般不会穿越如此宽的空间，不能无限度地扩大两栋鸡舍间的植物绿化带，鸡舍周围不种植植被或只种植低矮的草，这样可以确保鼠

图4-19 鸡舍外的开放地带

类无处藏身。同时需要保持鸡舍周边环境干净整洁，无杂物存放，无垃圾堆积。

鸡舍入口要有恰当的消毒措施。进入鸡舍，必须经过消毒池或铺设消毒脚垫

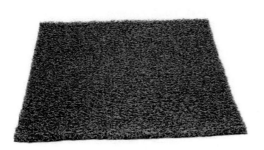

图 4-20　消毒脚垫

（图 4-20），同时要确保消毒池内有足够的消毒液，消毒脚垫始终是湿润的，更不能绕开消毒池或消毒脚垫进入鸡舍，否则会造成污染。

灰尘对鸡、人都有害。灰尘颗粒吸入肺中，如果再同时吸入了氨气，将会破坏黏膜系统，增加呼吸道病感染的机会，尤以灰尘浓度高、颗粒小时更甚。没有一个鸡舍内部是一尘不染的，垫料、饲料、羽毛、粪便都会最终变成灰尘颗粒飘浮在鸡舍空气中。空舍时要彻底打扫并冲洗，特别是天棚（图 4-21）。因此，永远不要低估了灰尘对人的健康可能造成的危害，进入鸡舍一定要戴好口罩（图 4-22）。鸡舍内各种气体的浓度标准见（表 4-1）。

图 4-21　空舍时要彻底对天棚进
　　　　　行打扫和冲洗

图 4-22　进入鸡舍要戴好口罩

表4-1　鸡舍内各种气体的浓度标准

气体	标准水平
氧气	>21%
二氧化碳	<0.2%（2 000毫克/米³）
一氧化碳	<0.01%（100毫克/米³）（最好是0）
氨气	<0.002%（20毫克/米³）
硫化氢	<0.002%（20毫克/米³）
相对湿度	60%~70%

当走过鸡群时，观察鸡群是否有足够的好奇心，是平静还是躁动，是否全部站立起来，并发出叫声，眼睛看着你（图4-23）。那些不能站立的鸡，可能就是弱鸡，要拣出来单独饲养（图4-24）。

图4-23　走过鸡群时观察鸡群反应　　图4-24　查看鸡舍内是否有死鸡或弱鸡并及时拣出

鸡会花大量的时间去觅食。在自然环境中，鸡会花一半的时间觅食和挖刨，即使是在人工饲养的条件下，仍然喜欢挖刨，包括在饲料中挖刨。

地面平养系统中，为了满足鸡的挖刨行为，要保持垫料的疏松和干燥，也可以在鸡舍一角放置大捆的稻草或苜蓿草（图4-25）。

鸡通过吮羽保持其羽毛处于良好状态（图4-26）。吮毛是将鸡

图4-25　鸡舍内可以铺设厚的垫草，　图4-26　吮羽可保持其羽毛处于良
　　　　适应挖刨习性　　　　　　　　　　好状态

尾羽腺分泌的脂肪涂布到羽毛上的过程。早晨，鸡睡觉醒来就会出现啄羽现象。如果鸡群中出现啄羽现象，通常会发生在下午。因此，下午是一天中最重要的观察时刻，为避免发生过多的啄羽，可以在下午给鸡群一些玩具或能分散鸡群注意力的其他活动。

鸡没有汗腺，当环境温度过高，它感到太热的时候，就会张嘴喘气，以蒸发散热的方式排出多余的热量（图4-27）。同时，它会展开翅膀甚至羽毛，尽量增加身体接触通风的面积，最大程度地排出热量。如果发现整个鸡群有这种行为，那就表明鸡舍内温度过高，要设法缓慢降温，使鸡舍保持适宜的鸡体感温度。

图4-27　环境温度过高，肉鸡感到太热
　　　　的时候，就会张嘴喘气

灰尘和污垢堵塞进风口和通风管道（图4-28），造成通风量减少，从而使得鸡舍内温度升高和不必要的能源浪费。

图4-28　被灰尘和污垢堵塞的
通风口

夏季，借助鸡舍喷雾设施（图4-29）降温或带鸡消毒，可以有效降低舍内粉尘浓度，改善鸡舍小环境。

图4-29　鸡舍喷雾设施

　　无限度增加饲养密度的现象往往出现在育雏期,对肉鸡的均衡发育影响很大。因为增加饲养密度时,其料位与水位会明显不足,这样一些肉鸡因采食与饮水不足慢慢被淘汰。观察图4-30,这是一个肉鸡场的5日龄肉鸡舍,估算饲养密度达到100只/米²了,出现的问题是弱雏明显增多。观察图4-31,明显存在的问题是料位太偏、密度过大,水位明显不足。

图4-30　饲养密度明显过大,弱　　　图4-31　水位明显不足
　　　　　雏明显增多

　　图4-32中鸡群出现伤热现象的前兆,一定要减少圈养的密度。观察图4-33中这群刚做过免疫的雏鸡就会发现,由于过分拥集,密度过大,造成雏鸡张口呼吸,这对雏鸡来讲是一种巨大的不良应激反应!

图4-32　鸡群出现伤热现象前兆　　图4-33　密度过大,皱鸡张口呼吸

进入舍内发现（图4-34）这种现象，要考虑鸡群已经处于严重的不适状态，要立即提高舍内温度，驱散集堆鸡群。同时找出不适的原因到底是什么。有可能的原因是：疫病、大的应激、舍内温度偏低、一侧有贼风。

图4-34　鸡群集堆

鸡群聚集在栏舍边缘（图4-35），可能的原因是鸡舍温度偏高或者是供氧不足、通风不良，应设法改善。

图4-35　鸡群聚集在栏舍边缘

图 4-36、图 4-37 是出在同一个栏内，两种不同料桶混用。其直接危害是鸡只吃料无法遵循提高均匀喂料的"三同"原则（同一时间内，相同条件下，每只鸡都能吃到相同的料量）。而在图4-38 中，有鸡只在吃料，其他料桶中没有料了，这会造成部分鸡多吃料现象。多吃料的鸡会越来越强，变成大鸡，造成鸡群均匀度变差。

图 4-36　料桶混用（一）

图 4-37　料桶混用（二）

图 4-38 中 部分料桶还有余料存在，大部分料桶的料已经完全吃完。可能的原因是鸡群分布不均，或者是加料不均。

图 4-38　料桶内饲料量不均

出现撒料（图4-39）现象，可能是加料或者清料盘时把料洒到这里了，造成了饲料的严重浪费。种鸡饲养中，若是发生在限饲的时候，还极易引起压死鸡现象的发生。

图4-39　撒料

图4-40中 这个料盘已经压在了垫料下，造成饲料浪费。不要把料盘常期放在栏里。

图4-40　料盘压在垫料下

　　进入鸡舍，如果发现鸡群总是避免聚集在某个区域，或是在某个区域扎堆，这可能是因为空气流动不畅造成的。而鸡舍内空气流动不畅往往是由鸡舍空间太小和内部的遮挡物太多造成。空气不能良好流动是由于鸡舍太矮，造成空气流动被阻隔，出现鸡舍中间部分没有空气流动（图4-41）。

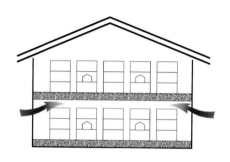

图4-41 鸡舍中间部分空气流动

　　图4-42为改进后鸡舍：鸡笼（网架）以上的空间较大，可以保证空气流动到鸡舍中间部分。鸡舍内基本没有空气流动不畅的区域。为了更加保险，也可以用管道连接顶棚，直接将空气引入到鸡舍中间。

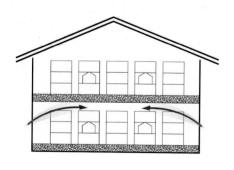

图4-42 改进后的鸡舍中间空气流动

饲养员要认真填写饲养日志记录表（表4-2），要及时、全面记录观察收集到或了解到的鸡群相关信息，防止事后遗忘。

表4-2　饲养日志记录

舍名：　　　饲养员：　　　　　　第　周　本周舍内湿度：

日期	日龄	舍温（℃）	采食量、饮水量 白天	采食量、饮水量 夜间	日采食总量	死亡数 白天	死亡数 夜间	日死亡总数
	1	34.0						
	2	33.5						
	3	33.0						
	4	32.5						
	5	32.0						
	6	31.5						
	7	31.5						

每日按照表格温度合理降温，按时如实填写，不得丢失

健康的肉鸡，皮肤红润，羽毛顺滑、干净、有光泽。如果羽毛生长不良，可能舍内温度过高（图4-43）；如果全身羽毛污秽或胸部羽毛脱落，表明鸡舍湿度过大；如果乍毛、暗淡没有光泽，多为发烧，是重大疫病的前兆（图4-44）。

图4-43　羽毛生长不良，可能舍　　　图4-44　乍毛，可能发烧
　　　　内温度过高

如果鸡舍内湿度过大，易于发生腿病、脚垫（图4-45）；鸡爪干瘦，多由脱水所致，如白痢、肾传支等；如果舍内温度过高，湿度过小，易引起脚爪干裂等。

鸡有3种不同种类的粪便：小肠粪、盲肠粪、肾脏分泌的尿酸盐。

图4-45 鸡舍发生腿病、脚垫

小肠粪（图4-46）：小肠粪比较干燥成形，上面覆盖着一层白色的尿酸盐，呈"逗号"状，捡起来放在手中可以滚动。如果不能滚动，可能是鸡感觉寒冷、有病或是饲料有问题。

盲肠粪（图4-47）：一般呈深褐色，黏稠、湿润、有光泽，

图4-46 小肠粪

不太稀薄，多在早晨排泄。

如果盲肠粪的颜色变浅，说明消化不好，还有大量的营养成分

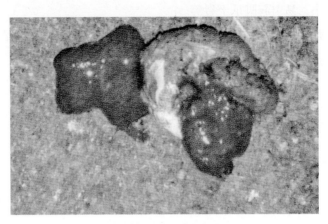

图 4-47　盲肠粪

滞留在小肠末端。这样会造成营养成分在盲肠中发酵，使得盲肠粪变得过于稀薄（图 4-48、图 4-49）。

肾脏分泌的尿酸盐：不同于哺乳动物，鸡没有膀胱，所以不排尿，但是可以把尿液转变为尿酸结晶，沉积在粪便表面形成一层白色物（图 4-50、图 4-51）。

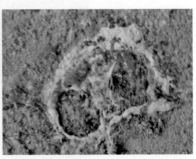

图 4-48　盲肠粪过于稀薄，色浅　　　图 4-49　混有尿酸盐的盲肠粪

图 4-50　附有尿酸盐的正常粪便　　图 4-51　有过多尿酸盐的稀薄粪便

三、个体观察与应对管理

图 4-52 正常的鸡在站立时总是挺拔的。

图 4-52　站立的鸡

图 4-53、图 4-54 若鸡站立时呈蜷缩状，则体况不佳；一只脚站立时间较长，可能是胃疼，多见于肠炎、腺胃炎等疾病；跗关节着地，第一征兆就是发生了腿病（如钙缺乏）。

图 4-53 鸡站立时的蜷缩状　　　　图 4-54 病鸡跗关节着地

图 4-55、图 4-56 是发出疾病信号的鸡只。发现这样的鸡只应立即挑出，不然会影响到其他鸡的工作与健康。病鸡是严重的威胁者。

图 4-55　发出疾病信号的鸡只（一）　　图 4-56　发出疾病信号的鸡只（二）

观察图 4-57 中这只鸡，羽毛湿润污秽，可以提示你垫料过于潮湿。应通过良好的通风，排除鸡舍内的潮湿空气，保持垫料干燥。在饲料中增加纤维素含量，使得鸡粪变得干燥些；检查饮水系统，防止漏水造成垫料潮湿。另外，可以在垫料上撒一些谷物，在鸡刨食的过程中，翻动垫料，使其变得蓬松些。

图 4-57　鸡只羽毛湿润污秽

　　观察中间靠边站的那只"站岗鸡"（图 4-58），说明鸡群里有大肠杆菌感染。

图 4-58　"站岗鸡"

鸡群里这只打盹的鸡（图4-59），看上去缩头缩脑，反应迟钝，不愿走动，不理不睬，闭目呆立，眼睛无神，尾巴下垂，行动迟缓，一旦发生疫病，这种类型的鸡将是第一批受害者。

图4-59　打盹鸡

　　像图4-60、图4-61这样握住这只鸡，如果是健康的，会明显感觉到它在用力挣扎，表示它在反抗。

图4-60　握鸡观察健康状况（一）　　图4-61　握鸡观察健康状况（二）

　　体况良好的鸡，鸡冠直立、肉髯鲜红（图4-62），大鸡冠向一边倒垂（图4-63），是正常现象。鸡冠发白（图4-64），常见于内脏器官出血、寄生虫病、营养不良或慢性病的后期等情况；鸡冠发绀（图4-65），常见于慢性疾病、禽霍乱、传染性喉气管炎等；鸡冠发黑发紫，应考虑鸡新城疫、鸡霍乱、鸡盲肠肝炎、中毒等；肉髯水肿（图4-66），多见于慢性霍乱和传染性鼻炎，传染性鼻炎一般两侧肉髯均肿大，慢性禽霍乱有时只有一侧肿大。

图4-62 健康鸡鸡冠直立、肉髯鲜红

图4-63 健康鸡大鸡冠向一边倒垂

图4-64 鸡冠发白

图4-65 鸡冠发绀

图4-66 眼睑、肉髯水肿

观察羽毛颜色和光泽，看是否丰满整洁（图4-67），是否有过多的羽毛折断和脱落，是否有局部或全身的脱毛或无毛，肛门附近羽毛是否被粪便污染（图4-68）等。

图4-67　羽毛丰满整洁　　　　图4-68　肛门周围羽毛被粪便污染

观察脚垫，脚垫上出现红肿或有伤疤和结痂（图4-69），是垫料太潮湿和有尖锐物的结果。健康的脚垫应该是平滑的（图4-70），有光泽的鱼鳞状。如果鳞片干燥，说明有脱水问题。脚垫和脚趾应无外伤。

图4-69　脚垫上有结痂　　　　　图4-70　脚垫平滑

　　生长期，肉鸡的胸肉发育不完全，摸上去很有骨感，甚至龙骨非常突出。但是到了育肥期以后胸肉快速发育，变得丰满起来，同时腹部开始发育（图4-71）。如果育肥期龙骨上附着的鸡肉仍不够丰满，意味着饲料中蛋白不足，要注意调整饲料。

　　图4-72个体观察中，如果发现鸡群中有鸡发出不正常的声音，要观察这些鸡是否有流鼻涕，喉咙中是否有黏液，或是其他有炎症发生的现象。

图4-71　检查龙骨的丰满程度

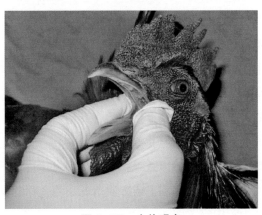

图4-72　个体观察

第四节　肉鸡的啄癖与管理

鸡可以用喙来接触分辨出一些相对的感觉，如感觉硬和软、热和冷，光滑和粗糙，以及痛觉。

大群饲养快大型肉鸡，特别是高密度饲养，往往会出现鸡相互啄羽、啄肛、啄趾等恶癖（图4-73）。互啄会导致鸡着羽不良，体热散失，采食量增加和饲料转化率降低，导致肉鸡皮炎及组织损伤，严重还可导致死亡，造成很大的经济损失。

图4-73　没有断喙的优质肉鸡易发生啄癖

一、啄癖的类型

肉鸡中最常见的啄癖是啄羽和啄肛。

1. 啄羽

这是最常见的互啄类型，指鸡啄食其他鸡的羽毛，特别易啄食背部尾尖的羽毛，有时拔出并吞食（图4-74）。主要是进攻性的鸡啄怯弱的鸡，羽毛脱落并导致组织出血，诱发啄食组织使鸡受伤被淘汰或死亡。有时，互啄羽毛或啄脱落的羽毛，啄的皮肉暴露出血后，可发展为啄肉癖（图4-75）。

图4-74 乌鸡的啄羽癖

图4-75 啄肉癖

图4-76 啄羽后形成的"裸鸡"

啄羽不利于鸡的和饲养成本，啄羽后形成的"裸鸡"（图4-76）需要多采食20%的饲料来保暖。有资料显示，每减少10%的羽毛，鸡每天需要多采食4克的饲料。好动或者户外散养的"裸鸡"需要更多的饲料。

2. 啄肛

常见于高产小母鸡群，对于小母鸡，通常在小母鸡开始产蛋不几天后发生，大概与其体内的激素变化有关，产蛋后子宫脱垂或产大蛋使肛门撕裂，导致啄肛。对肉用仔鸡，啄肛易发生在生长期的限食阶段（图4-77）。

图4-77 啄肛

二、啄癖的信号

1. 羽毛消失

鸡每天都有羽毛掉落到地面上。如果羽毛从地面上消失，说明羽毛被鸡吃掉了。这是鸡群出现问题的信号（图4-78）。

图4-78　羽毛从地面上消失

2. 鸡群中其他鸡对死鸡或受伤鸡表现出特有的兴趣（图4-79）

这也是鸡出现啄癖的重要信号。因此，应当把死鸡和受伤鸡及时清理掉。

图4-79　受伤鸡成为相残的共同目标

三、啄癖发生的因素与预防

1. 无聊的环境

鸡的天性喜欢在地上觅食，如果地面上没有它们感兴趣的东西，如饲料、垫料，将寻找可供它们啄食的东西

预防：① 雏鸡阶段，尽可能的让鸡在纸上或料盘里吃料（图4-80）。② 提供垫料（图4-81）或可供挖刨的干草。③ 让鸡尽快离开饲喂系统。特别是肉质肉鸡，尽快放归自然，实行生态放养。

图4-80 让鸡在料盘里吃料　　图4-81 给雏鸡提供可供挖刨的垫料

2. 水和饲料缺乏、饲料粒度不均匀、粉末状饲料多（图4-82）、挑食、由于营养缺乏而需要纤维素、空腹和饥饿等

图4-82 颗粒饲料中粉末过
多导致鸡挑食勾料

预防：饲料中添加纤维素、苜蓿干草或额外的垫料。

3. 改变的社交方式

在大的鸡群中，经常会遇到一些陌生鸡，通过互啄来相互认识。

预防：实行分栏饲养，缩小鸡群（图4-83）。

图4-83 分栏饲养，缩小鸡群

4. 高密度饲养、不良的鸡舍内环境（二氧化碳、氨气、炎热和尘土等）和强的光照轻度

预防：谨防高密度鸡群，小鸡需要有足够的空间；保持良好的舍内环境。

四、断喙

快大型商品肉鸡因为生长时间短，一般管理中不用断喙，但为了防止发生啄癖，肉种鸡和优质肉鸡需要断喙（图4-84）。

断喙可以有效的防止啄癖的发生。鸡只在10日龄左

图4-84 用断喙器给肉雏鸡断喙

右断喙一次，鸡喙断取上 1/2、下 1/3（图 4-85），在 110 日龄左右再补断一次。

断喙会给鸡造成极大的痛苦。为了减轻鸡的痛苦，可以给优质鸡带眼罩，防止发生啄癖。

图 4-85 断喙后的鸡

鸡眼罩又叫鸡眼镜（图 4-86），是用佩戴在鸡的头部遮挡鸡眼正常平视光线的特殊材料。使鸡不能正常平视，只能斜视和看下方，防止饲养在一起的鸡群相互打架，相互啄毛、啄肛、啄趾、啄蛋等，降低死亡率，提高养殖效益。也可以让鸡戴着眼镜

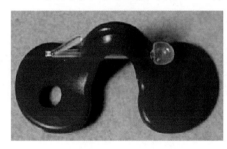

图 4-86 眼罩

出售，这样就出现了一种新型的眼镜鸡，售价相对可以提高很多。

当肉鸡体重达 500 克以后，就开始戴鸡眼罩至上市。把鸡固定好，先用一个牙签或金属细针在鸡的鼻孔里用力扎一下并穿透，如有少量出血，可用酒精棉擦拭。左手抓住鸡眼镜突出部分向上，插件先插入鸡眼镜右孔后对准鸡鼻孔，右手用力穿过鸡鼻孔，最后插入镜片左眼，整个安装过程完毕（图 4-87）。

图 4-87 给优质肉鸡戴上眼罩

第五节　肉鸡的出栏管理

一、制订好出栏计划，果断出栏

（一）根据鸡只日龄，结合鸡群健康状况和市场行情，制订好出栏计划

行情好、雏鸡价格高、鸡只健康、采食量正常，可推迟出栏时间，争取卖大鸡；行情不好、鸡只有病，要适时卖鸡。

（二）肉鸡出栏要果断

根据生产实践中的观察结果发现，运用以下 3 个公式在生产中进行测算，能够帮助广大养殖户更好地解决这一问题。

1. 肉鸡保本价格

肉鸡保本价格又称盈亏临界价格，即能保住成本出售肉鸡的价格。

保本价格（元 / 千克）＝本批肉鸡饲料费用（元）÷ 饲料费用占总成本的比率 ÷ 出售总体重（千克）

公式中"出售总体重"可先抽样称体重，算出每只鸡的平均体重，然后乘以实际存栏鸡数即可。计算出的保本价格就是实际成本。所以，在肉鸡上市前可预估按当前市场价格出售的本批肉鸡是否有利可图。如果市场价格高出算出的成本价格，说明可以盈利；相反就会亏损，需要继续饲养或采取其他对策。

2. 上市肉鸡的保本体重

上市肉鸡的保本体重是指在活鸡售价一定的情况下，为实现不亏损必须达到的肉鸡上市体重。

上市肉鸡保本体重（千克）＝平均料价（元/千克）×平均耗料量（千克/只）÷饲料成本占总成本的比率÷活鸡售价（元/千克）

公式中的"平均料价"是指先算出饲料总费用，再除以总耗料量的所得值，而不能用3种饲料的单价相加再除以3的方法计算，因为这3种料的耗料量不同。此公式表明，若饲养的肉鸡刚好达到保本体重时出栏肉鸡则不亏不盈，必须继续饲养下去，使鸡群的实际体重超过算出的保本体重。

3. 肉鸡保本日增重

肉鸡最终上市的体重是由每天的日增重累积起来的。由每天的日增重带来的收入（简称日收入）与当日的一切费用（简称日成本）之间有一定的变化规律。在肉鸡的生长前期是日收入小于日成本，随着肉鸡日龄增大，逐渐变成日收入大于日成本，日龄继续增大到一定时期，又逐渐变为日收入小于日成本阶段。在生产实践中，当肉鸡的体重达到保本体重时，已处于"日收入大于日成本"阶段，正常情况下，继续饲养就能盈利，直至利润峰值出现。若此时再继续饲养下去，利润就会逐日减少，甚至出现亏损。特别要注意的是，利润开始减少的时间，就是又进入"日收入小于日成本"阶段了，肉鸡养到此时出售是最合算的。肉鸡保本日增重可用下列公式进行计算：

肉鸡保本日增重［千克/（只·日）］＝当日耗料量［千克/（只·日）］×饲料价格（元/千克）÷当日饲料费用占日成本的比率÷活鸡价格（元/千克）

经过计算，假如肉鸡的实际日增重大于保本日增重，继续饲养可增加盈利。正常情况下，肉鸡养到实际体重达到保本体重时，已处于"日收入大于日成本"阶段，继续饲养直至达到利润峰值，此时实际日增重刚好等于保本日增重，养殖户应抓住时机及时出售肉鸡，以求获得最高利润。因为这时已经达到了肉鸡最佳上市时间，如果继续再养下去，总利润就会下降。

二、出栏管理

根据出栏计划，安排好车辆，确定好抓鸡人员和抓鸡时间，灵活安排添料和饮水，尽量减少出栏肉鸡残次品数量。

（一）出栏时机

现在很多大的一条龙企业或行业之间的合作让合同养殖模式已经深入人心，合同养殖自然也就按照合同的约定出栏上市，这是最安全的养殖模式，尽管没有大的养殖风险，但利润空间也会受到限制。

肉鸡屠宰厂也是企业，在行情下滑的情况下，风险太大也会超过屠宰厂的承受能力，一些违约的事也经常发生，屠宰厂会以停电、设备维修等种种借口而拒收。所以在与屠宰厂签定养殖合同的时候一定要考虑周全，以免对方违约而给自己造成损失。

社会养殖，养殖与出售遵循市场规律，随行就市，风险和机遇并存。

把握好出栏时机。肉鸡在出栏前后几天根据是否发病和死亡率的情况，结合鸡群的采食情况，考察毛鸡的价格走势等因素，决定是否出栏。关键性的几天会带来意想不到的效益，即使合同养殖出栏日期也不是固定的，要有一个范围，在鸡群发病的时候也可以提前出栏才行。

（二）出栏时的注意事项

当养殖顺利的时候，出栏时往往会掉以轻心，当养殖不理想的时候，出栏时往往又垂头丧气，甚至不敢面对。在出栏时要克服不稳定的情绪影响，把握好每一个细节，尽量减少不必要的损失。

先定好出栏时间，再落实抓鸡队伍；落实好屠宰厂车辆到达时间，再落实抓鸡队伍到达时间；拉毛鸡的车到达后，开始按照要求空食（把料线升起来）；空食结束开始抓鸡，同时把水线升起来（断水）；

图4-88　抓鸡要轻，实际上是抱鸡

抓鸡要轻，实际上是抱鸡（以免抓断腿和翅膀而影响屠体质量和价格，图4-88）；轻轻把鸡装进鸡笼（图4-89）；装车时也要轻，避免压死鸡或压坏、压伤鸡头；根据季节和气温决定装鸡的密度，否则会因为高温高密度而闷死鸡；装好后，最好搭好篷布（图4-90），防雨防晒，冬天注意保温。

图4-89　轻轻把鸡装进鸡笼

图4-90　搭好篷布

（三）出栏结算

棚前付款，装完车过磅，过完磅付款。

杀胴体，先预付大部分毛鸡款，等杀完胴体以后统一结算。

　　凡是延期付款的事前都要有销售约定，约定付款期限、超过期限该承担的利息，以及引起纠纷以后解决的措施。

　　（四）批次盘点

　　养殖结束要根据养殖记录和销售结算情况进行批次盘点。

　　（1）收入　毛鸡、鸡粪、废品。

　　（2）支出　鸡苗款、饲料款、药费（消毒药、疫苗、抗菌药、抗病毒药、抗寄生虫、抗体等）、燃料费（煤炭、燃油）、水电费、维修费、垫料款、土地承包费、固定资产折旧、生活费、人工费、低值易耗品费、抓鸡费、检疫费等。

　　（3）指标　总利润、单只利润（总利润／出栏毛只数）、成活率（出栏鸡数／进鸡数）、料肉比（饲料消耗／出栏毛鸡重量或胴体折合毛鸡重量）、总药费、单只药费（总药费／出栏毛鸡数）、单只水电费、单只人工费、单只固定资产折旧费、单只抓鸡费、单只检疫费、单只燃料费等。

　　重点考察指标：成活率、药费、料肉比、单只出栏重。

　　（4）建档封存

第六节　后勤管理

　　随着现代化、集约化养殖场的建立，生物安全体系建设在肉鸡生产中的重要作用日益凸显，而后勤管理工作中的一些环节又往往容易被忽视，造成生物安全隐患。因此，必须加强肉鸡场后勤的细节管理，时时处处不忘为鸡群构筑一道生物安全防护网，保证肉鸡健康生长。

一、鸡粪和垫料的处理和利用

　　对肉鸡粪便进行减量化、无害化和资源化处理，防止和消除粪便污染，对于保护城乡生态环境，推动现代肉鸡养殖产业和循环经济发展具有十分积极的意义。

　　直接晾晒（图4-91）处理工艺简单，就是用人工把鸡粪和垫料直接摊开晾晒风干，压碎后直接包装作为产品出售。

图4-91　直接晾晒

烘干处理的工艺流程，是把鸡粪和垫料直接通过烘干机（图4-92）进行高温、热化、灭菌、烘干等方式处理，最后出来含水量为13%左右的干鸡粪（图4-93），作为产品直接销售。

图4-92　鸡粪烘干机　　　　图4-93　烘干的鸡粪装袋

鸡粪的生物发酵处理主要有发酵池发酵（图4-94）、直接堆腐（图4-95）等模式。

图4-94　鸡粪在发酵池内发酵　　　图4-95　鸡粪直接堆腐

二、病死鸡的无害化处理

剖检死鸡必须在死鸡窖口的水泥地面上进行；剖检完毕后，对剖检地面及周围5米用5%的火碱进行消毒；剖检后的死鸡，用消毒液浸泡后放入死鸡窖并密封窖口，也可焚烧处理（图4-96）。

因鸡新城疫、禽霍乱等烈性传染病致死的肉鸡尸体，应尽量采用焚烧法处理，直到将尸体烧成黑炭为止（图4-97）。

图4-96 将死鸡放进焚烧炉
直接焚烧

图4-97 焚烈性传染病致死的肉鸡

因禽痘等传染性强的疾病而死亡的肉鸡，尸体可采用深埋法处理（图4-98）。墓地要远离住宅、牧场和水源，地质宜选择沙土地，地势要高燥。从坑沿到尸体表面至少应达到1.5~2米，坑底和尸体表面均铺2~5厘米厚的石灰，然后覆土夯实。

图4-98 死鸡深埋

第七节　鸡场生物安全管理

一、消毒

消毒是指利用物理、化学和生物学的方法清除或杀灭环境（各种物体、场所、饲料、饮水及肉鸡体表皮肤）中的病原微生物及其他有害微生物。消毒时肉鸡场控制疾病的重要措施，一方面可以减少病原进入鸡舍，另一方面可以杀灭已进入鸡舍的病原。消毒一般包括物理消毒法、化学消毒法和生物消毒法。

（一）物理消毒法

通过清扫、冲洗和通风换气等手段达到消除病原体的目的，是最常用的消毒方法之一。具体操作步骤：彻底清扫→冲洗（高压水枪）→喷洒2%~4%的烧碱溶

图4-99　高压水枪冲洗

液→（2小时后）高压水枪冲洗（图4-99）→干燥→（密闭门窗）福尔马林熏蒸24小时→备用（有疫情时重复2次）。

紫外线具有很好的杀菌作用。通常按地面面积，每9米^{2}需1

支 30 瓦紫外线灯（图 4-100）；在灯管上部安设反光罩，离地面 2.5 米左右。灯管距离污染表面不宜超过 1 米，每次照射 30 分钟。

图 4-100　紫外线杀菌

高压蒸汽灭菌（图 4-101）是通过加热来增加蒸汽压力，提高水蒸气温度，达到短时间灭菌的效果。

图 4-101　高压蒸汽灭菌

（二）化学消毒法

化学消毒法是利用化学药物或消毒剂杀灭或清除微生物的一种方法。因为微生物的种类不同，又受到外界环境的影响，所以各类化学药物或消毒剂对微生物的影响也是不同的。根据不同的消毒对象，可以选用不同的化学药物或消毒剂。

喷洒法（图 4-102）主要用于地面的喷洒消毒、进鸡前对鸡舍周围 5 米以内的地面用火碱或 0.2%~0.3% 的过氧乙酸消毒。水泥地面一般常用消毒药品喷洒。大面积污染的土壤和运动场地面，可翻地，在翻地

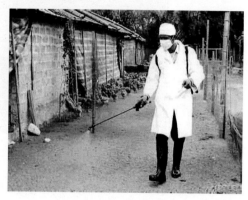

图 4-102　喷洒消毒液

的同时撒上漂白粉，用量为 0.5~5 千克 / 米² 混合后，加水湿润压平。

图 4-103　气雾消毒

气雾法（图 4-103）是把消毒液倒进气雾发生器，然后射出雾状颗粒，是消灭空气中病原微生物的有效方法。鸡舍常用的是带鸡喷雾消毒，配制好 0.3% 的过氧乙酸或 0.1% 的次氯酸钠溶液，要压缩空气雾化喷到鸡体上。这种方法能及时有效地净化空气，抑制氨气产生，

有效杀灭鸡舍内环境中的病原微生物，消除疾病隐患，夏季还可起到很好的降温作用。

常用的消毒剂有含氯消毒剂（如优氯净，图4-104）、碘类消毒剂（如碘伏，图4-105）、醛类消毒剂（如甲醛，图4-106）、强碱类消毒剂（如氢氧化钠，图4-107）等。

图4-104 优氯净

图4-105 碘伏

图4-106 甲醛

图4-107 氢氧化钠

生石灰是常用的廉价消毒剂，对一般病原体有效，但对芽孢无效。10%～20%的石灰水可用于墙壁、地面、粪池及污水沟等处的消毒。应注意现用现配。

图 4-108 和图 4-109 分别为刷过生石灰水的鸡舍内墙面、地面，生物安全检测全部合格。

图 4-108　刷过生石灰水的鸡
舍内墙面

图 4-109　刷过生石灰水的
鸡舍地面

图 4-110 为鸡场内刷过生石灰水的水泥路面，消毒效果好，还洁白无暇，美观又实用。

图 4-111 为洒过生石灰水后的舍外净区：只要生石灰膜不破，大部分的细菌病毒都出不来了。所以后期管理中，不破坏这层生石灰膜是关键的。

图 4-110　刷过生石灰水的水泥路面

（三）肉鸡场内的消毒管理

在鸡场门口，设置紫外线杀菌室、消毒池（槽）和消毒通道（图 4-112）。消毒池要有足够的深度和宽度，至少能够浸没半个车轮，并且能在消毒池里转过 2 圈，并经常更换池

图 4-111　洒过生石灰水后的舍外净区

内的消毒液，以便对进出人员和车辆实施严格的消毒（图4-113）。除了不能淋湿的物品（如饲料），所有车辆要经过消毒通道进出鸡场。

图4-112　门口的消毒池

图4-113　消毒通道

二、隔离

隔离就是将可引起传染性疾病、寄生虫病的病原微生物排除在外的安全措施。严格的隔离是切断传播途径的关键步骤，也是预防和控制疾病的保证。隔离主要分3个方面：科学选择场址、合理规划布局，健全配套隔离消毒设施。这些内容已经在前边的有关章节中详细介绍过，这里不再赘述。

三、免疫接种

（一）疫苗的种类

1. 传统疫苗

传统疫苗是指用整个病原体如病毒、衣原体等接种动物、鸡胚或组织培养生长后，收获处理而制备的生物制品；由细菌培养物制成的称为菌苗。传统疫苗在防治肉鸡传染病中起到重要的作用。传统疫苗主要包括减毒活苗（图4-114）和灭活疫苗（图4-115），如生产上常用的新城疫Ⅰ系、Ⅲ系、Ⅳ系疫苗。根据肉鸡场的实际情况选择使用不同的疫苗。

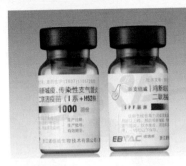
图4-114　活苗

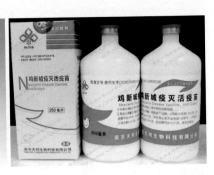
图4-115　灭活苗

2．亚单位疫苗

利用微生物的某种表面结构成分（抗原）制成不含有核酸、能诱发机体产生抗体的疫苗，称为亚单位疫苗。亚单位疫苗是将致病菌主要的保护性免疫原存在的组分制成的疫苗。这类疫苗不是完整的病原体，是病原体的一部分物质。

3．基因工程疫苗

使用DNA重组生物技术，把天然的或人工合成的遗传物质定向插入细菌、酵母菌或哺乳动物细胞中，使之充分表达，经纯化后而制得的疫苗。应用基因工程技术能制出不含感染性物质的亚单位疫苗、稳定的减毒疫苗及能预防多种疾病的多价疫苗。

（二）制订恰当的免疫程序

肉鸡生长周期相对较短、饲养密度大，一旦发病很难控制，即使治愈，损失也比较大，并影响产品质量。因此，制订科学的免疫程序，是搞好疫病防疫的一个非常重要的环节。制定免疫程序应该根据本地区、本鸡场、该季节疾病的流行情况和鸡群状况，每个肉鸡场都要制订适合本场的免疫程序。

表4-3是快大型肉鸡的几个免疫程序，供参考。

表 4-3 快大型肉鸡的参考免疫程序

免疫程序	日龄	疫苗类型	免疫方法
方案一	7 日龄	新城疫Ⅳ系活苗、油苗	点眼，颈部皮下注射
	14 日龄	法氏囊炎弱毒冻干疫苗	饮水
	28 日龄	新城疫Ⅳ系活苗	饮水
方案二	7 日龄	新城疫和传染性支气管炎二联疫苗	点眼或滴鼻
	14 日龄	法氏囊炎弱毒冻干疫苗	饮水（2 倍量）
	21 日龄	新城疫和传染性支气管炎二联疫苗	饮水（2 倍量）
	28 日龄	法氏囊炎弱毒冻干疫苗	饮水
方案三	4 日龄	新城疫—传染性支气管炎二联苗	点眼
	12 日龄	禽流感灭活苗	注射
	14 日龄	法氏囊炎中毒疫苗	饮水
	25 日龄	新城疫弱毒疫苗	饮水
	30 日龄	鸡痘弱毒苗	刺种
方案四	1 日龄	ND-VH+H120+28/86	点眼
	7 日龄	ND-LaSota	点眼
		ND(Killed.)	1/2 剂量颈部皮下
	14 日龄	IBD	饮水或滴口
	21 日龄	LaSota	点眼，或 2 倍剂量饮水
	28 日龄	LaSota	2 倍剂量饮水（必要时进行）

（三）疫苗的保存、运输和稀释

1. 疫苗的保存（图 4-116）

疫苗属于生物制品，保存时总的原则是：分类、避光、低温、冷藏，防止温度忽高忽低，并做好各项入库登记。

图 4-116 疫苗的保存

2. 疫苗的运输（图4-117）

疫苗的存放地与使用地常常不在同一个地方，都有一个或近或远的距离，因此，疫苗的运输时都必须以避光、低温冷藏为原则，需要使用专用冷藏车才能完成。

3. 疫苗的稀释

图4-117　疫苗的运输

鸡常用疫苗中，除了油苗不需稀释，直接按要求剂量使用外，其他各种疫苗均需要稀释后才能使用。疫苗若有专用稀释液（图4-118），一定要用专用稀释液稀释。此外，疫苗在使用前首先要查看是否在有效期内（图4-119）。

稀释用具如注射器、针头、滴管、稀释瓶等，都要求事先清洗

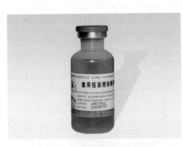

图4-118　疫苗增效稀释剂

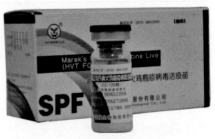

图4-119　疫苗使用前首先查看是否在有效期内

干净并高压消毒（图4-120）备用。每次稀释好的疫苗要求在常温下半小时内用完。已打开瓶塞的疫苗或稀释液，须当次用完，若用不完则不宜保留，应废弃，并作无害化处理。不能用金属容器装疫苗及稀释疫苗，用缓冲盐水、铝胶盐水作稀释液时，应充分摇匀后使用。液氮苗稀释时，应特别注意正确操作（详细操作见各厂家液氮苗使用说明书）。进行饮水免疫稀释疫苗时，应注意水质，最好用深井水，并先加入0.2%的脱脂奶粉，再加入疫苗。应注意不要用加氯或用漂白粉处理过的自来水，以免影响免疫质量。

图4-120　注射器拆洗消毒30分钟

活疫苗使用操作程序（图4-121）：活疫苗要求现用现配，并且一次配制量应保证在半小时内用完。

灭活疫苗使用操作程序（图4-122）：灭活疫苗在使用前要提

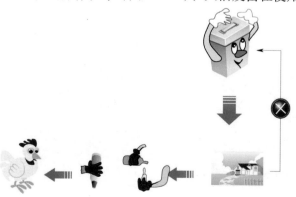

图4-121　活疫苗使用操作程序

前从冷藏箱内（2~8℃）取出，进行预温以达到室温（24~32℃），不仅可以改善油苗的黏稠度，确保精确的注射剂量，同时还可以减轻注射疫苗对鸡只的冷应激。

（四）免疫的方法

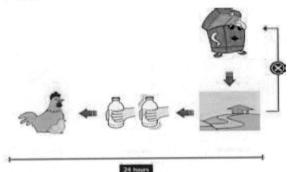

图4-122　灭活疫苗使用操作程序

1. 肌内注射法

在胸部（图4-123）或大腿外侧（图4-124）肌内注射时使用消毒的1.25厘米注射针头。油苗使用18~19号针头。活苗使用20~21号针头。将疫苗注射到胸部肌肉最厚的部位。如选择注射腿部肌肉，将鸡脚对着自己握稳鸡只腿部。用食指和中指将腿部肌肉转向腿骨骼外侧，远离关节顺股骨方向刺入针头。经常更换针头（死苗每500次，活苗每1 000次），避免污染。

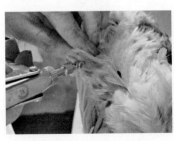

图4-123　胸部肌内注射法　　图4-124　大腿外侧肌内注射

2. 皮下注射法

将疫苗稀释，捏起鸡颈部皮肤刺入皮下（图4-125），也可在两翅之间（图4-126）皮下注射。防止伤及鸡血管、神经。此法适合鸡马立克疫苗接种。

注射前，操作人员要对注射器进行常规检查和调试，每天使用

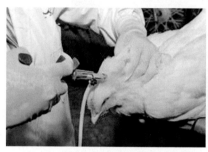

图4-125　颈部皮下注射法　　　图4-126　双翅间皮下注射

完毕后要用75%的酒精对注射器进行全面的擦拭消毒。

3. 点眼法

将稀释好的疫苗装在点眼用的疫苗瓶内，使鸡只面部朝上握稳鸡只头部。将一滴疫苗滴入眼部（图4-127、图4-128），轻轻向下牵动鸡只下眼睑使其吸收疫苗。定期更换滴眼器，减少可能的污染。滴眼器不可接触鸡只眼睛。

图4-127　点眼法（一）　　　图4-128　点眼法（二）

4. 滴嘴法

稳住鸡只头部，用一手指将上下喙分开，把1滴疫苗滴入嘴里（图4-129）。待鸡只完全吸入疫苗滴后方可释放鸡只。

图4-129　滴嘴法

5. 滴鼻法

稳住鸡只头部，闭合鸡嘴并用一手指盖住鸡只下半部鼻孔，将1滴疫苗滴入上半部鼻孔（图4-130）。待鸡只完全吸入疫苗滴后方可释放鸡只。

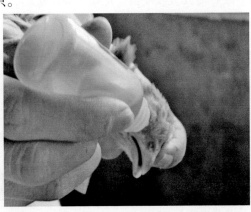

图4-130　滴鼻法

6. 刺种法

将鸡翅膀下部朝上展开，刺在翅膀翻展后缺毛的三角区（图4-131）。将刺种器的2只针浸入疫苗，使刺种针垂直刺入翅蹼，要小心避开羽毛、血管、肌肉和骨骼。免疫后7~10天，观看免疫部位的红点查验鸡的疫苗反应。

图4-131 刺种法

7. 饮水免疫

饮水免疫前，先将饮水器挪到高处（图4-132），控水2小时；混合疫苗时，可加入少许符合食品卫生的染料（图4-133），有助于监测所有的鸡是否都得到免疫。免疫过的鸡只嘴部和舌头会染有染料。

图4-132 饮水器挪到高处

图4-133 加入少许染料

饮水免疫注意事项如下：

① 在饮水免疫前 2 ～ 3 小时停止供水，因鸡口渴，在开始饮水免疫后，鸡会很快饮完含有疫苗的水。若不能在 2 小时内饮完含有疫苗的水，疫苗将会开始失效。

② 贮备足够的疫苗溶液。

③ 使用稳定剂，不仅仅可以保护活疫苗，同时还含有特别的颜色。稳定剂包含蛋白胨、脱脂奶粉和特殊的颜料，这样可以知道所有的疫苗溶液是否全部被鸡饮用。

④ 使用自动化饮水系统的鸡舍，需要检查并确定疫苗溶液能够达到鸡舍的最后部，以保证所有的鸡都能获得饮水免疫。

8. 喷雾免疫

喷雾免疫（图 4-134）是操作最方便的免疫方法，局部免疫效果好，抗体上升快、高、均匀度好。

图 4-134　喷雾免疫

（五）免疫操作注意事项

图 4-135 是个反面教材：防疫后没有及时清洗消毒注射器，管子内仍残存稀释过的疫苗。正确的做法是：防疫后以最快速度打

图 4-135　注射器用后要清洗

掉针管内残留的疫苗，同时用开水冲洗，眼观干净为止；然后休息或吃饭后坐下来单个拆开清理、消毒备用；只用开水冲洗是冲不干净的，否则残留的油剂在里面会起到很多不良影响，不仅充当了细菌的培养基，同时还会损坏里面的密封部件。

免疫操作注意事项如下。

① 注意疫苗稀释的方法。冻干苗的瓶盖是高压盖子，稀释的方法是先用注射器将 5 毫升左右的稀释液缓缓注入瓶内，待瓶内疫苗溶解后再打开瓶塞倒入水中。避免真空的冻干苗瓶盖突然打开使部分病毒受到冲击而灭活。

② 为了减轻免疫期间对鸡只造成的应激，可在免疫前 2 天给予电解多维和其他抗应激的药物。

③ 使用疫苗时，一定要认清疫苗的种类、使用对象和方法，尤其是活毒疫苗。使用方法错误不仅会造成严重的不良反应，甚至还会造成病毒扩散的严重后果。对于在本地区未发生过的疫病，不要轻易接种该病的活疫苗。

④ 免疫过后，再苦再累也要把所有器具清理洗刷干净，防止对环境和器具造成污染，同时也防止油乳剂疫苗变质影响器具下次使用。

四、搞好舍内生物安全

在检查鸡群情况时，发现死鸡及时清理（图4-136），禁止把死鸡堆在鸡舍门口。死鸡是细菌的繁殖地，而健康鸡啄食死鸡，可使细菌在整个鸡群中蔓延。

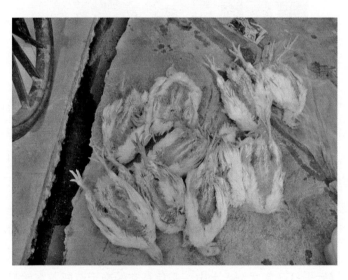

图4-136　及时清理死鸡

有效的粪便处理和死禽处理将有助于减少昆虫、蚊蝇的数量。定期喷洒允许使用的杀虫剂来控制昆虫蚊蝇，减少疾病的病原体传

播。定期清理鸡粪；在门窗上安装纱网防止苍蝇进入鸡舍；安放粘蝇纸。在窗台、门口、地面等处涂抹苍蝇诱杀剂，可将一定距离内的苍蝇吸引过来速效击倒。防止鸡吞食苍蝇。

参考文献

[1] 丁馥香 . 图说肉鸡养殖新技术 [M]. 北京 : 中国农业科学技术出版社 , 2012.

[2] 杨　宁 . 现代养鸡生产 [M]. 北京 : 北京农业大学出版社 , 1993.

[3] 曹顶国 . 轻轻松松学养肉鸡 [M]. 北京 : 中国农业出版社 , 2010.

[4] 夏新义 . 规模化肉鸡场饲养管理 [M]. 郑州 : 河南科学技术出版社 , 2011.

[5] 赵德峰 . 规模化肉鸡场经营管理 [J]. 中国禽业导刊 , 2011 (18): 28–29.

[6] 李连任 . 肉鸡标准化规模养殖技术 [M]. 北京 : 中国农业科学技术出版社 , 2013.